CHRISTIAN PESSEY

Maçonnerie

HACHETTE

Maçonnerie

HACHETTE

Conception et réalisation : Christian PESSEY

© 2000, Hachette Livre (Hachette Pratique), Paris, pour la présente édition.

Sommaire

Les matériaux 9
Les pierres 16
Les briques 18
Les parpaings 20
Les carreaux de plâtre 22
Les plaques de plâtre 24

Les techniques de base 27
Le mortier 28
Le béton 34
Le plâtre 38

Maçonner 41
Les enduits 42
Les pierres 50
Percement d'une baie 55
Les briques 58
Construction d'un barbecue 62
Les briques creuses 64
Les parpaings 67
Les carreaux de plâtre 72
Les carreaux de briques 76
Les plaques de plâtre 78
Cloison en plaques
   de plâtre alvéolées 80
Couler le béton 84

Fixer 95
Sceller au mortier 96
Sceller au plâtre 97
Cheviller dans les corps creux 99

Entretien, réparer 103
Les plafonds et les murs 104
Ragréage des sols 107
Réfection des joints 108
Remplacer une pierre
   dans un mur 110
Étanchéifier 114

Glossaire 120
Index 125

Les matériaux

Les matériaux

LES MATÉRIAUX

Construire un muret de briques, couler une dalle, monter une cloison de parpaings ou de carreaux de plâtre, chacun des travaux de maçonnerie demande l'utilisation de matériaux spécifiques : les éléments mêmes entrant dans la construction mais aussi les liants.

Les liants

Comme leur nom l'indique, les liants ont pour fonction d'assurer la liaison des matériaux de construction entre eux. Selon les cas, il s'agit donc du plâtre, du ciment, ou de la chaux.
Le ciment et la chaux, mélangés à de l'eau entrent, dans la fabrication des mortiers et des bétons, associés à du sable pour les premiers auquel il faut ajouter des gravillons pour le second.
Le choix des matériaux entrant dans la composition du mortier, tout comme leur dosage, doit être parfaitement adapté à l'ouvrage dont ils doivent assurer la solidité et les joints.
Le béton en revanche, obtenu à partir de gravillons, de sable et de ciment, trois éléments gâchés à l'eau, est d'une résistance comparable à celle de la pierre, et il est appelé, en conséquence, à jouer le rôle d'un élément de construction en tant que tel. Aussi vous respecterez les dosages très précis qui lui donneront sa compacité et sa résistance.
De plus, il est parfois nécessaire, selon le type d'ouvrage à construire, d'armer le béton à l'aide de fers spéciaux.
De nos jours, un certain nombre de produits "prêts à l'emploi" facilite énormément le travail du bricoleur, qui ne dispose pas toujours ni du temps ni des connaissances suffisantes pour réussir les dosages très précis et la préparation minutieuse, garanties de la solidité de la construction. Si tel est votre cas, utilisez ces matériaux.
En revanche, si vous vous lancez vous-même dans la préparation du mortier ou du béton, vous vous munirez de sable de rivière bien lavé et de gravillons bien calibrés.

Les matériaux de construction

Ce sont les briques, pierres, moellons, parpaings, carreaux et plaques de plâtre, etc. Cependant, parallèlement à ces matériaux de construction traditionnels, indispensables quand on entreprend de rénover ou de bâtir, s'est développé tout un marché vous proposant des éléments de construction modernes, faciles à mettre en œuvre, présentant d'excellentes qualités de résistance et d'isolation et faisant, pour la plupart, l'objet de contrôle ou d'avis du Centre Scientifique et Technique du Bâtiment (CSTB) : parpaings de béton cellulaire, prélinteaux, longrines de fondation, poutrelles en béton précontraint, panneaux de couverture, mais aussi doubles cloisons isolantes et même piquets de clôture.

Les matériaux

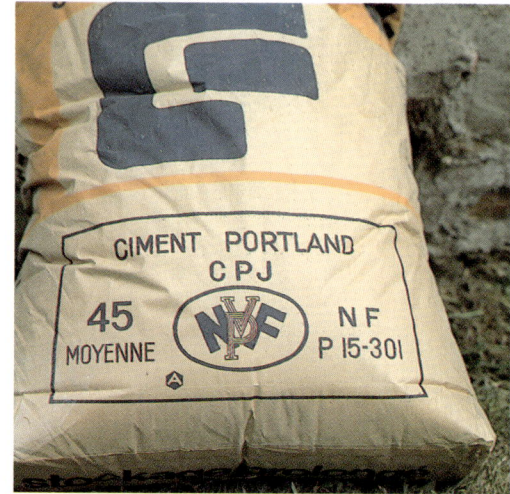

Le ciment

Poudre d'origine minérale, le ciment naturel est un liant hydraulique : mélangé à l'eau, il forme une pâte qui durcit plus ou moins rapidement suivant son type. Ces différents types de ciment sont caractérisés essentiellement par leur résistance à la compression. Les ciments de haute résistance sont utilisés pour fabriquer le béton ou pour réaliser des ouvrages spéciaux, alors que des ciments d'une résistance moindre servent à fabriquer les mortiers courants.

Les principaux composants du ciment sont le clinker (obtenu par fusion de chaux et de silice), le laitier (provenant des scories de hauts-fourneaux), les fillers (roches pulvérisées), ainsi que la pouzzolane et la cendre volante de houille ou de lignite (produits contenant de la silice, de l'alumine et de la chaux). Selon le dosage des différents composants, on obtient tel ou tel type de ciment.

1. Ciment rapide
2. Ciment Portland
3. Ciment blanc
4. Ciment de restauration

Les matériaux

LES DIFFÉRENTS LIANTS HYDRAULIQUES

Dénomination	Initiales	Norme	Composition	Destination
Ciment Portland artificiel	CPA	15-301	Clinker (97 %)	Bétons, ouvrages de haute résistance (temps froids)
Ciment Portland composé	CPJ	15-301	Clinker (65 %) filler	Mêmes utilisations
Ciment de haut-fourneau	CHF	15-301	Laitier, clinker, filler	Pour milieux humides ; dalles de béton très épaisses.
Ciment de laitier au clinker	CLK	15-301	Laitier (80 %) clinker	Résiste aux eaux agressives. Sensible au froid
Ciment au laitier et aux cendres	CLC	15-301	Clinker, cendres volantes, laitier	Moins résistant
Ciment à maçonner	CM	15-307	Clinker, filler	Proche du CPA mais moins résistant
Ciment naturel	CN	15-308	Clinker, filler	Proche du CPA
Ciment pouzzolanique		non normalisé	Clinker, pouzzolane ou cendres volantes	Pour mortiers gras (et bétons)
Ciment prompt		non normalisé	Roches cuites à température modérée	Prise en moins de 8 min
Ciment de laitier à la chaux	CLX	15-306	Chaux hydraulique, laitier (70 %)	Bonne résistance, très plastique
Chaux hydraulique naturelle	XHN	15-310	Calcaire + clinker ou laitier	Pour mortiers plastiques et bâtards
Chaux hydraulique artificielle	XHA	15-312	Clinker, fillers calcaires	Mêmes utilisations

Les différents ciments. Le ciment le plus utilisé est le ciment Portland, composé surtout de clinker. On distingue le ciment Portland naturel (CPA, de très haute qualité) et le ciment Portland composé (CPJ). Les ciments Portland se caractérisent par leur haute résistance (ils tirent leur nom de leur parenté avec la pierre de l'île de Portland).

Le ciment de haut-fourneau (CHF) et le ciment de laitier au clinker (CLK) sont des mélanges de clinker et de laitier, comme le ciment au laitier et aux cendres (CLC) qui contient aussi des cendres volantes. On trouve, en outre, d'autres ciments, comme le ciment à maçonner (CM), proche du Portland mais moins résistant, le ciment de laitier à la chaux (CLX), le ciment

Les matériaux

1 et 2. Sac de chaux hydraulique et gros plan sur le sac ; la présence de la norme (NFP15310) indique la conformité du produit.

LES CLASSES DE RÉSISTANCE
(Normes NF-VP)

Classe Résistance à la compression (après 28 jours)		
	Limite inférieure nominale	Limite supérieure nominale
35	25	45
45	35	55
55	45	65
H.P. (Hautes Performances)	55	Non limité

La sous-classe R (rapide) ne modifie pas ces chiffres. Les plus hautes résistances correspondent aux ciments Portland artificiels et les plus basses à la chaux. Les résistances moyennes aux ciments au laitier ou à la pouzzolane ou au ciment à maçonner.

naturel (CN), proche du CPA, ou le ciment pouzzolanique, contenant une proportion importante de pouzzolane.

Le ciment prompt est un type particulier, obtenu par cuisson de roches naturelles ou artificielles. Le ciment à prise rapide commence à prendre moins de 8 minutes après le gâchage ; le ciment à prise demi-lente commence à prendre entre 8 et 30 minutes (à une température de 20°).

Les classes de résistance. C'est sa résistance à la compression qui définit d'abord un ciment ; on distingue ainsi 4 classes ; une sous-classe est constituée par les ciments à prise rapide. Chaque classe se caractérise également par le retrait et le temps de prise.

La sacherie et l'étiquetage. Les liants sont généralement conservés dans des sacs en papier renforcés permettant de les maintenir à l'abri de l'humidité. Sur chaque sac, le fabricant doit faire figurer les caractéristiques propres au produit : le nom (CPA, CLK ou autre, la classe et la norme N.F.).
Les sacs doivent être conservés dans un local sec et fermé. On les place d'ordinaire sur un caillebotis en bois ou sur une feuille de plastique afin qu'ils ne soient pas en contact avec le sol. Dans ces conditions, les sacs peuvent être

Les matériaux

1. Chaux hydraulique naturelle.
2. Stockage de sacs de chaux à l'horizontale, sur palettes.

conservés plusieurs mois. Lorsque le sac est ouvert, le ciment ne peut se conserver plus de quelques jours (deux semaines environ). Lorsque le ciment est éventé, il présente un aspect grumeleux ; il devient alors impropre à l'utilisation.

Utilisation. Pour préparer un mortier destiné au jointoiement d'un petit muret de pierres, ou pour réaliser la réfection des joints d'un mur, on peut fort bien utiliser un ciment peu résistant, souvent plus facile à manier et de prise moins rapide qu'un ciment plus résistant. Au contraire, la préparation du béton exige l'utilisation de ciments résistants (une poutre ou un linteau en béton sont soumis à des pressions souvent très importantes).
Certains types de ciments peuvent être utilisés par temps froid (le CPA par exemple), alors que d'autres ne le supportent pas (CHF). Certains CPA peuvent prendre dans l'eau.

La chaux
Liant hydraulique utilisé depuis des temps très anciens, la chaux se différencie du ciment par un de ses composants (en dose plus ou moins importante) : le calcaire. La résistance à la compression de la chaux n'est pas très importante, mais ce liant a d'autres qualités qui le rendent intéressant en maçonnerie. Il permet de préparer des mortiers onctueux, gras, très plastiques, faciles à manier. Le maçon amateur a tendance à utiliser systématiquement le ciment alors que dans bien des cas la chaux est mieux adaptée (ou le mélange de ciment et de chaux).

Les différents types de chaux. La chaux hydraulique naturelle se reconnaît par les initiales XHN. Elle est obtenue par la cuisson à haute température (de l'ordre de 1000°) de calcaires naturels contenant une certaine proportion d'argile. Le produit est ensuite réduit en poudre et on y additionne du clinker, du laitier ou de la pouzzolane, ainsi que des fillers calcaires. La chaux hydraulique artificielle (XHA) est un liant hydraulique proche du ciment par sa composition (clinkers ou ciment Portland artificiel) auquel on ajoute des fillers calcaires ; d'autres adjuvants confèrent au liant les qualités de plasticité propres à la chaux (ainsi qu'une faible fissurabilité).
Le ciment de laitier à la chaux est composé de chaux hydraulique et de laitier de haut-fourneau (au moins 70 %), avec

Les matériaux

1. Saupoudrage de plâtre, avant gâchage.
2. Sac de plâtre de construction.

une faible proportion de fillers ou de cendres volantes. Ce liant présente une bonne résistance tout en étant très plastique.

Utilisation. La résistance faible ou moyenne de la chaux ne permet pas de l'utiliser pour la construction de bâtiment, ni pour la préparation du béton. Elle entre en revanche dans la fabrication de mortiers destinés au jointoiement de petits murets de briques ou de pierres taillées ou non. Elle est traditionnellement utilisée pour l'assemblage de moellons bruts (non taillés). L'onctuosité du mortier permet un excellent calage des matériaux. En outre, les mortiers de chaux n'étant pas très imperméables, ils laissent le mur "respirer". La chaux n'a pas la raideur du ciment et les mortiers de chaux ne se fissurent pas. En pratique, on utilise surtout la chaux en mélange avec du ciment pour la préparation des mortiers bâtards : on effectue le dosage en fonction de la destination du mortier.
La sacherie et l'étiquetage de la chaux sont semblables à ceux du ciment.

Le plâtre

Le gypse est une roche saline constituée de sulfate naturel hydratée de calcium ($CaSO_4 2H_2O$). Lorsque cette roche est chauffée à environ 200°, elle perd l'eau qu'elle contient pour prendre une forme poudreuse, le plâtre. Refroidi puis mélangé intimement à de l'eau, cette poudre a la propriété de durcir rapidement (en dégageant de la chaleur).
Le plâtre est très poreux et résiste assez mal à l'humidité ; c'est pourquoi on l'utilise uniquement pour les travaux intérieurs, bien qu'ils existe des plâtres spéciaux pour l'extérieur.
Les maçons amateurs utilisent le plâtre pour les petits scellements ou pour les enduits intérieurs. C'est également avec du plâtre que sont le plus souvent montées les cloisons en briques plâtrières. Le plâtre est en outre le composant essentiel de nombreux produits vendus prêts à l'emploi, comme les enduits de rebouchage ou les enduits de lissage.
La confection d'un enduit intérieur en plâtre sur un mur maçonné est un travail assez difficile. Les plâtriers professionnels qui maîtrisent parfaitement les dosages et les temps d'emploi sont capables de réaliser des enduits d'une très grande dureté.

Les qualités du plâtre. En enduit ou en liant pour montage de cloisons, le plâtre a une durée pratiquement illimitée, à condition qu'il ne soit pas soumis à

Les matériaux

1. **Plâtre fin de construction à prise accélérée.**
2. **Plâtre à modeler et à prise retardée en petits conditionnements.**

l'humidité. Un enduit en plâtre constitue une excellente barrière contre le feu, le matériau n'étant pas combustible. C'est en outre un bon isolant thermique et phonique. Il joue aussi un rôle de régulateur : il absorbe l'humidité de l'air, ou la restitue en fonction des conditions. Enfin, le plâtre en enduit est un remarquable support pour toutes les finitions (pose de papier peint ou peinture).

Les différents types de plâtre. Selon le gypse utilisé et les procédés de fabrication, on obtient diverses sortes de plâtre (modifiés ou améliorés par l'adjonction d'adjuvants). Un plâtre se caractérise par sa finesse, sa dureté et sa blancheur. Les plâtres très fins permettent d'obtenir des surfaces d'un grain très serré. La blancheur et la dureté sont particulièrement importantes pour les enduits de finition. Le temps de prise est assez bref (de l'ordre de 4 à 5 minutes) ; certains plâtres ont un temps de prise plus long.

– *Les plâtres de construction.* On distingue les plâtres gros ou fins ; ils sont utilisés pour l'assemblage des briques plâtrières, pour le lissage des revêtements, mais aussi pour de nombreux travaux courants de maçonnerie intérieure (les petits scellements ou le rebouchage des saignées d'encastrement en particulier). Le début de la prise d'un plâtre de construction intervient entre 4 et 8 minutes, et la fin de prise entre 10 et 20 minutes.

– *Les plâtres à projeter.* Destinés à la réalisation de tous les enduits intérieurs à la main ou la machine, il s'agit de plâtres fins et durs. On trouve des plâtres pour enduits spéciaux de très haute dureté (pour locaux très sollicités : cages d'escalier, couloirs).

– *Le plâtre de surfaçage.* Il s'agit là encore de plâtres très fins additionnés d'adjuvants que l'on applique en couche très mince pour corriger les petits défauts de surface avant la finition.

– *Les plâtres à modeler.* Particulièrement fins, ils sont destinés à la réalisation des décors, les réparations (on les utilise par exemple pour refaire l'angle sortant ébréché d'un mur).

– *Les plâtres spéciaux.* Certains plâtres sont "à prise retardée" ; l'addition d'un adjuvant permet d'obtenir un début de prise de l'ordre de 8 à 15 minutes et une fin de prise de 15 à 45 minutes. Ces produits peuvent être utilisés pour les réparations délicates qui demandent du temps. Ils sont pratiques pour l'amateur, surtout pour celui qui manque d'expérience.

Les matériaux

Les pierres

Taillée ou brute, la pierre est l'élément de construction le plus ancien. C'est un matériau noble qui permet des réalisations à la fois belles et solides : les maisons en pierres ont une longévité surprenante.

Les moellons non taillés sont surtout utilisés pour réaliser des murets de clôture ou de séparation dans les jardins. Ces murets, autrefois en pierres sèches (sans aucun liant) sont assemblés à l'aide d'un mortier de chaux. Ils sont très décoratifs et bien adaptés aux décors champêtres lorsqu'on y ménage des cavités pour y cultiver des plantes de rocailles ou des vivaces retombantes (murets fleuris). Les moellons bruts servent aussi à construire des escaliers de jardins ainsi que des dallages grossier sur lit de sable.

Types de pierres et origines. Pou être utilisée en construction, une pierre doit présenter une bonne cohésion Chaque région a sa pierre qu'or retrouve dans l'architecture traditionnelle. C'est ainsi que l'on parle de pierre de Bavière (calcaire dur), de pierre de Volvic (lave volcanique), de pierre de Côte d'Or (calcaire), etc.

Les matériaux

1. **Muret de moellons.**
2. **Dalles de grès empilées.**
3. **Dalles de schiste.**
4. **Stockage de calcaire tranché.**

Le poids des pierres ainsi que la nécessité de respecter le style architectural environnant incite à utiliser des pierres originaires de la région où l'on construit. C'est ainsi que l'on construit en granit gris ou rose en Bretagne, et en pierres meulières en région parisienne.

Les pierres plates sont utilisées pour les dallages intérieurs ou extérieurs (schistes, marbres). Les pavés de granit permettent de réaliser des dallages très résistants (allées carrossables).

Pierres de parement et pierres reconstituées. Le prix élevé des pierres rend souvent impossible l'utilisation de ce matériau pour des constructions importantes. Les carrières produisent des pierres tranchées assez minces que l'on place en parement sur une maçonnerie de parpaings. On obtient ainsi un aspect architectural très proche des demeures anciennes.

Les imitations de pierres sont fabriquées à partir d'éléments minéraux naturels broyés, puis amalgamés par des liants industriels. Ces blocs imitant la pierre

Les matériaux

sont solides et présentent l'avantage d'être légers, ce qui facilite évidemment leur mise en œuvre.
Il existe des kits en imitation pierre pour la réalisation de murets et de piliers de clôture.

Les briques

Pleines ou creuses, les briques constituent un matériau de maçonnerie de haute qualité. La terre cuite est solide d'une excellente résistance à l'écrasement et au feu, et non gélive (si les normes sont respectées).

Les briques pleines. Les terres cuites utilisées pour la production ne sont pas toutes semblables. Il en résulte des briques à l'aspect et aux caractéristiques différents. Les dimensions, en revanche, sont à peu près identiques : 60 x 105 x 220 (en mm). Elles peuvent toutefois légèrement varier (la brique rustique "Vaugirard" a une épaisseur de 58 mm). Il faut donc compter environ 65 briques au mètre carré. La résistance à l'écrasement est de l'ordre de 220 kg par cm^2.
Les briques peuvent recevoir une finition particulière ; c'est le cas des briques de décoration, dont la face apparente est revêtue d'un enduit coloré. La brique de parement est une brique de haute qualité qui présente des parements naturellement décoratifs.
Les briques perforées sont des briques pleines ordinaires dans lesquelles ont été ménagées des perforations destinées à les alléger. On trouve aussi des briques dites "réfractaires", à haute résistance à la chaleur, destinées à la construction des foyers. Parmi les briques pleines, on range aussi les mulots, dont la largeur n'est que de 55 mm, ainsi que les briques grand format (65 x 145 x 325 mm) et les carreaux (200 x 200 x 30).

1. Terrasse en briques.
2. Briques réfractaires et briques flammées.
3. Briques de construction et mulots.

Les matériaux

Les briques creuses. Plus légère que la brique pleine, la brique creuse est aussi moins résistante à l'écrasement. Les perforations sont parallèles au plan de l'élément et dépassent 40 % de la surface de la section. Grâce à ces perforations, la brique creuse est très isolante et protège contre l'humidité. La surface extérieure est striée, ce qui donne une meilleure adhésion de l'enduit de surface (la brique creuse n'étant pas destinée à demeurer apparente).

Les briques normalisées sont classées selon trois catégories (numérotées de I à III) en fonction de leur résistance à l'écrasement ; elles ne doivent pas être fissurées ni cloquées et ne sont pas gélives.

– *Les briques courantes.* Elles sont désignées par la lettre C et peuvent être de dimensions très variables (de 80 x 150 x 300 mm à 300 x 200 x 400 mm).

– *Les briques plâtrières.* Plus petites, elles servent à monter les cloisons inté-

1. Boisseaux de briques.
2. Briques plâtrières.
3. Briques creuses.
4. Poutrelles de plancher en béton et hourdis en briques.

1

3

2

4

Les matériaux

rieures. L'épaisseur est comprise entre 3 et 6 cm et les éléments, placés sur chant, sont assemblés avec du plâtre ou du mortier bâtard.

– *Les briques à rupture de joint.* Désignées par les lettres RJ, elles présentent une section particulière (en H ou en U) et leur structure interne est assez complexe. Ces blocs de grandes dimensions permettent de monter des murs assez épais en ménageant au centre des vides qui renforcent la protection contre l'humidité et l'isolement. On trouve également des éléments spéciaux, comme les blocs à perforations verticales, ou les boisseaux destinés aux conduits de cheminées.

Les parpaings

Moins chers que les briques creuses, et offrant une bonne qualité, les parpaings sont devenus les éléments les plus employés dans la construction courante. On désigne sous ce nom des blocs de béton pleins ou creux, de section rectangulaire. Il est possible de réaliser soi-même ces blocs de béton à partir d'un moule. Il est cependant plus pratique de les acheter tout fait. Comme les briques, les parpaings doivent respecter certains impératifs. Les blocs conformes aux normes NF présentent des garanties de résistance à la compression, ainsi qu'une bonne tenue des enduits grâce à la limitation des déformations dues aux conditions climatiques (les parpaings étant destinés à être recouverts). La surface d'un bloc est rugueuse et régulière, ce qui permet un bon accrochage des enduits. Les blocs présentent des rainures sur les chants, ce qui facilite l'assemblage (par mortier bâtard ou mortier de ciment).

Les différents types. Les parpaings pleins sont assez peu utilisés aujourd'hui à cause de leur poids assez important. On leur préfère les parpaings creux, qui assurent une meilleure protection contre l'humidité grâce à la circulation d'air interne.

Stockage de parpaings sur palette.

Les parpaings ordinaires sont faits à l'aide de granulats courants ; ils portent l'estampille NF B40. Il existe des parpaings plus légers, notamment pour la construction de parois intérieures, préparés à partir de granulats légers (à base de pouzzolane et de laitier expansé) estampillés NF L 25. Les parpaings en béton cellulaire sont estampillés NF Nvn 400.

Il existe, en outre, des éléments spéciaux, comme des linteaux et des pièces d'angle, facilitant la construction. Les boisseaux en béton sont utilisés avec les murs de parpaings. Ils présentent une forte résistance aux hautes températures.

Quelques éléments de parpaings :
1. **Cloison intérieure avec, au premier plan, quelques parpaings estampillés de la norme.**
2. **Chaperon.**
3. **Boisseaux.**
4. **Hourdis.**
5. **Éléments divers dont un pour chaînage (au centre).**
6. **Parpaings de béton cellulaire.**

Les matériaux

1

4

2

5

3

6

Les matériaux

Les carreaux de plâtre

Légers, faciles à mettre en œuvre et à découper, les carreaux de plâtre sont largement utilisés pour la construction des cloisons intérieures. Ils sont pleins ou alvéolés (ils sont alors plus légers et plus isolants).

Les caractéristiques. Faits de plâtre pur, sans armature ni agrégat, les carreaux ont les qualités du plâtre : isolation et protection contre le feu. Ils permettent de régulariser le degré d'humidité et assurent une assez bonne isolation thermique. On peut fort bien suspendre des objets lourds sur une cloison de carreaux ou y encastrer des canalisations, par exemple.

Utilisation des carreaux. C'est surtout pour monter les cloisons intérieures que l'on utilise les carreaux (épaisseur : 7 à 10 cm). Le doublage des murs existants est réalisé à l'aide de carreaux assez minces (4 à 7 cm).

1. Application de colle d'assemblage dans la rainure d'un carreau de plâtre.
2. Le carreau de plâtre se coupe aisément avec une scie à béton cellulaire.
3. Rainure et languette.
4. Le stockage ne doit pas se faire directement au sol.

Les matériaux

QUELQUES MATÉRIAUX UTILISÉS EN CLOISON

Épaisseur (en mm) Matériaux	50	60	70	72	85	98	100	plus de 100
Plaques de plâtre alvéolées	x	x						
Plaques de plâtre assemblées entre elles	x							
Plaques de plâtre cartonnées sur fourrure métal				x	x	x		x
Carreaux de plâtre	x	x	x				x	
Carreaux de terre cuite	x	x	x				x	
Panneaux en béton cellulairex								x
Panneaux de particules	x		x					

(Indications fournies par le Centre Scientifique et Technique du Bâtiment)

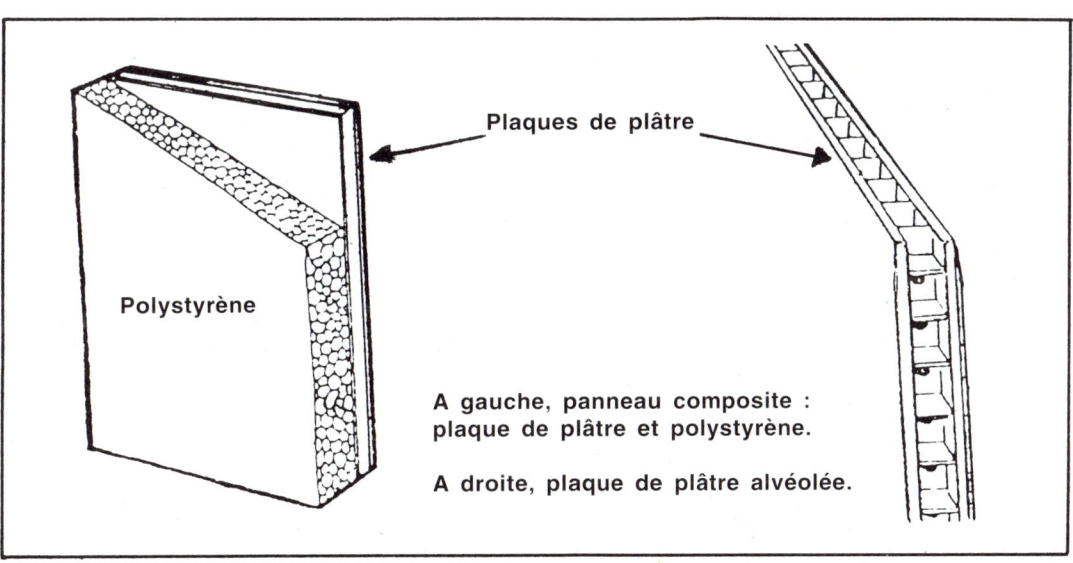

Plaques de plâtre

Polystyrène

A gauche, panneau composite : plaque de plâtre et polystyrène.

A droite, plaque de plâtre alvéolée.

Les matériaux

Les plaques de plâtre

Faites de plâtre coulé entre deux feuilles de carton spécial qui constituent les parements, la plaque de plâtre connaît un grand succès dans de nombreux domaines. Elle est légère, solide, facile à mettre en place et à découper (à la scie égoïne). Elle présente toutes les qualités du plâtre (résistance au feu, régulation de l'humidité, isolation) et permet une excellente finition : l'un des parements a reçu un traitement particulier ; il peut, sans autres préparations, recevoir toutes les peintures et les papiers peints (d'où le nom, souvent employé, de plaque à peindre).

Les bords longitudinaux sont légèrement plus minces que la plaque elle-même, ce qui permet de réaliser des joints invisibles.

Les différents types de plaques. Pour tous les travaux de doublage de cloisons (à la place du traditionnel enduit de plâtre), on utilise une plaque à peindre ordinaire, fixée sur les murs sains par des plots de colle. Pour certains domaines d'utilisation, il existe des plaques bien particulières.

– *Parois alvéolées.* Pour constituer les cloisons intérieures, on utilise des éléments faits de deux plaques à peindre séparées par un réseau alvéolaire (du type Placopan). Cette cloison, placée sur semelle en bois, est facile à monter (et à démonter). Très légère, elle peut supporter la suspension d'objets assez lourds (jusqu'à 100 kg), et recevoir l'encastrement de canalisations.

– *Plaques doubles ou triples.* Destinées à constituer les cloisons de distribution intérieure, les plaques doubles ou triples présentent de bonnes qualités de résistance aux chocs et au feu. Elles reposent sur des cornières métalliques ou des rails de bois.

– *Plaques sur profilés métalliques.* Pour constituer des cloisons ou pour doubler les murs, les plaques à peindre peuvent être placées sur des profilés rails (en haut et en bas) et sur des montants. Les plaques sont simplement vissées sur cette ossature. Il est possible d'améliorer l'isolation en plaçant de la laine de verre entre les deux plaques.

– *Plaques isolantes.* Pour réaliser un doublage sur murs sains afin de créer une isolation thermique, on utilise des plaques à peindre doublées de polystyrène expansé (avec ou sans pareva-

1. Application de la colle en plots au dos de la plaque de plâtre.
2. Marouflage de la plaque contre le mur.

Les matériaux

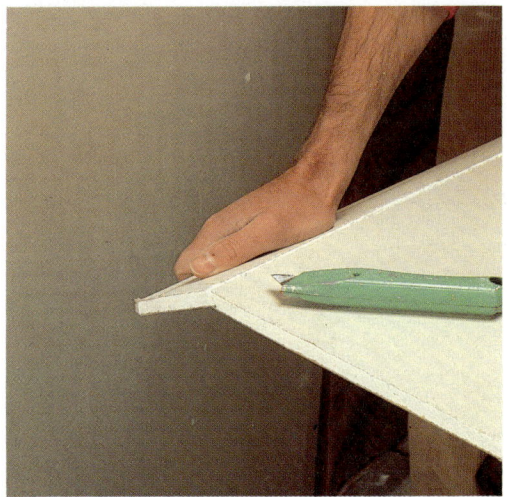

1. Découpe d'une plaque composite.
2. Application d'une plaque composite contre une paroi.
3. Un simple cutter suffit à découper une plaque mince.
4. Fixation par vissage sur fourrure métallique.

peur). Ces plaques peuvent être collées directement à l'aide d'un mortier adhésif.

– *Plaques spéciales.* L'adjonction de divers adjuvants permet de créer des plaques de plâtre très résistantes au feu.

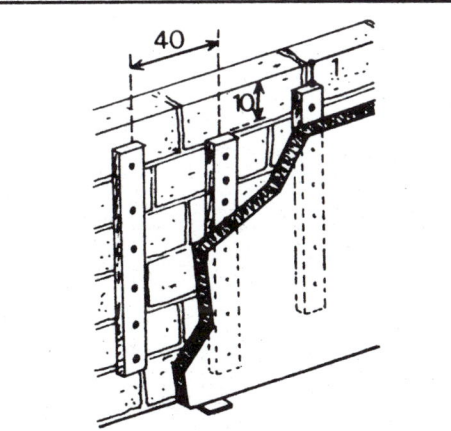

Si le mur est humide, ne posez pas les plaques directement sur lui ; des tasseaux placés de cette façon permettront de décaler celles-ci afin d'assurer la ventilation nécessaire.

Les techniques de base

Les techniques de base

LES TECHNIQUES DE BASE

A la base de la maçonnerie, il y a le plâtre,
le mortier et le béton. Toute construction,
même la plus simple, met en œuvre
l'un de ces trois matériaux, dont elle tirera,
pour une grande part, sa solidité.

Si la préparation du plâtre se limite à un mélange avec de l'eau, celle du mortier et du béton met en œuvre, selon les cas, de la chaux, du ciment, du sable et des graviers. Des caractéristiques de ces produits, de la façon dont ils sont gâchés et selon quelles proportions, dépendra l'homogénéité du matériau.
C'est pourquoi, la fabrication du plâtre du mortier et du béton fait intervenir des techniques et un outillage bien précis.

Le plâtre
C'est un matériau employé depuis l'Antiquité. Assez simple à préparer (il résulte d'un mélange de plâtre en poudre et d'eau), il présente néanmoins certaines difficultés au gâchage.
En effet, à la différence du mortier ou du béton, le plâtre "prend" très rapidement, ce qui laisse très peu de temps pour le gâcher. Pour cette raison, préparez-le en petite quantité, quitte à renouveler souvent l'opération (sachez par exemple que 25 litres de plâtre vous permettront de couvrir 1 m^2, sur 2 cm d'épaisseur). Enfin, notez que le plâtre qui a durci est désormais inutilisable : c'est du plâtre "mort".

Le mortier et le béton
Alors que les mortiers servent à assembler les briques, parpaings ou pierres, le béton peut constituer un matériau de construction en tant que tel. Ils ont néanmoins un caractère commun : ils résultent de mélanges réalisés entre liants (ciments ou chaux), d'agrégats (sable ou graviers) et eau.

Les mortiers. Ils sont en effet au nombre de trois, de nature différente selon le liant employé. On distingue ainsi :
– le mortier de ciment, très résistant mais assez peu souple ;
– le mortier de chaux, facile à utiliser (souple et gras) ;
– le mortier bâtard, comportant du ciment et de la chaux, le plus souvent à part égale ; cependant, plus de ciment rendra le mortier plus résistant et plus imperméable (retenez cette solution pour les travaux extérieurs).

Le béton. A la différence du mortier, le béton comporte des graviers qui lui donne une parfaite homogénéité et en fait un matériau de construction. Pour cette raison, vous aurez bien souvent à en préparer des quantités relativement importantes (pour la réalisation d'une dalle, d'un linteau, d'un appui de fenêtre, etc) : votre travail sera alors grandement simplifié par l'emploi d'une bétonnière, qui assurera en outre, au mélange, une bonne homogénéité.

Les techniques de base

Le mortier

On fabrique du mortier en mélangeant du liant hydraulique et du sable, et en ajoutant de l'eau. Il existe différents types de mortiers selon le liant utilisé, et selon le dosage (sable/liant). La préparation du mortier doit tenir compte de sa destination.

Les différents mortiers. Les caractéristiques des mortiers varient selon le type de liant utilisé.

– *Les mortiers de ciment.* Résistants et imperméables, ils prennent et durcissent assez rapidement. Leur plasticité est assez médiocre et l'application n'est pas très aisée. Ils se fissurent parfois en séchant.

– *Les mortiers de chaux.* Très plastiques, onctueux, ils s'utilisent facilement et sèchent sans se fissurer. Ils sont peu résistants et perméables (ce qui peut être un avantage).

– *Les mortiers bâtards.* Préparés à partir d'un mélange de ciment et de chaux, ils

1. **Étalage du sable.**
2. **Ajout du ciment.**
3. **Mélange du sable et du ciment.**
4. **Tamisage du mélange.**

1

2

3

4

Les techniques de base

combinent les caractéristiques des deux précédents (en les accentuant plus ou moins selon les proportions).

Le sable. La finesse du sable est importante pour la qualité du mortier. Les mortiers destinés à l'enduisage sont préparés à l'aide d'un sable particulièrement fin.
Pour préparer les mortiers ordinaires, on utilise du sable "tout-venant" propre et débarrassé des boues. Il ne faut employer que du sable de rivière.

Le dosage. Un mortier bâtard ordinaire destiné au jointoiement des éléments maçonnés d'un muret se prépare en mélangeant : 1 volume de liant (chaux et ciment) pour 3 volumes de sable ; on ajoute 60 à 70 % du poids du liant en eau.
Les mortiers les plus riches en ciment sont utilisés pour monter les murs por-

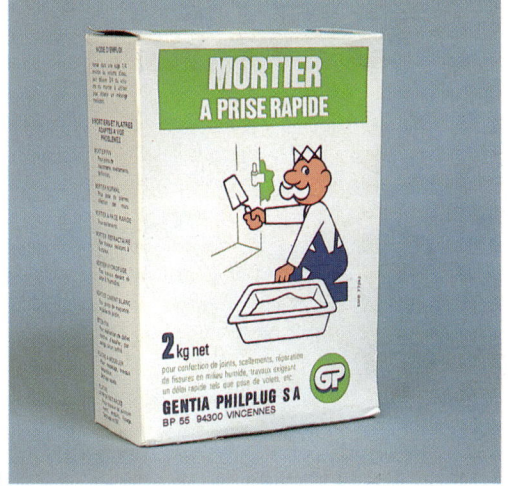

DOSAGE DU MORTIER

Travaux	Volume de sable (en litres) pour 50 kg de liant
Assemblage de moellons	110
Assemblage de briques	140
Assemblage de parpaings	140
Briques pour mur porteur	100 à 125
Enduits :	
Couche d'accroche (gobetis)	90 (avec ciment)
Corps de l'enduit	110
Couche de finition	140 (très fin)
Chapes	50

1. Ajout de l'eau de gâchage.
2. Mortier prêt à l'emploi.
3. Utilisation d'un mortier réfractaire.

Les techniques de base

teurs et pour assembler les éléments lourds (moellons).
La préparation des mortiers pour enduits est un peu particulière, surtout en ce qui concerne la couche d'accroche (riche en liant) et celle de finition (avec du sable particulièrement fin).

Les mortiers prêts à l'emploi. Pour de nombreux petits travaux, il est préférable d'utiliser des mortiers déjà dosés, auxquels il suffit de rajouter de l'eau. Ils sont très adaptés aux petits scellements, aux rebouchages et à la réfection de joints. Ces produits sont conditionnés en sacs et en paquets.

Gâchage sur aire. Le mortier doit être gâché le plus près possible du lieu des travaux, le transport en brouette pouvant nuire à la qualité du mélange. L'aire de gâchage doit être propre. Évitez les surfaces terreuses, la boue incorporée au mortier ruinant sa résistance. Choisissez une aire bétonnée ou asphaltée (sans oublier que la préparation du mortier risque de laisser des traces). Un film en matière plastique étalé à terre consti-

Gâchage sur aire :
1. Mélange.
2. Formation du cratère.
3. Le mélange est haché après ajout d'eau.
4. Mortier prêt à être utiliser.

Les techniques de base

Gâchage en auge :
1. Déversement du ciment.
2. Ajout de chaux.
3. Résultat après gâchage.

tue une aire parfaite (nos photos). Sur l'aire de gâchage, versez le liant, puis le sable. Les dosages peuvent être effectués soit par le poids (à partir d'une balance ou des indications portées sur les sacs), soit à l'aide d'un récipient. Mélangez le sable et le liant de façon homogène : étalez d'abord le sable, puis disposez à la pelle le ciment (ou la chaux) dessus. Retournez plusieurs fois la couche et formez-la en tas. A l'aide de la pelle, ouvrez un cratère au milieu du tas.

L'eau de gâchage. Utilisez de l'eau propre et potable (les eaux provenant de pièces d'eau peuvent contenir des sels ne convenant pas à la préparation). En général, il faut compter un poids d'eau (ou un volume en litres) égal à 60 ou 70 % du poids du liant. Le mortier doit être onctueux et tenir sans couler sur la truelle. Un mortier trop sec est grumeleux (il est peu résistant et a tendance à s'effriter). Un mortier trop humide en revanche, a un retrait assez important. Lorsque l'on utilise un sable très fin, il faut augmenter légèrement la teneur en eau. Enfin, certains travaux demandent un mortier plus sec ou plus liquide. Au cours de la préparation, il est toujours possible de rajouter soit de l'eau, soit du liant (à condition de ne pas attendre).
Versez une partie de l'eau au centre du cratère. Jetez la poudre dans l'eau à petites pelletées pour humidifier l'ensemble. Malaxez énergiquement en coupant de la tranche de la pelle. Le mélange obtenu doit être homogène ; le reste de l'eau est versé au fur et à mesure ; continuez à malaxer jusqu'à ce que toute l'eau soit absorbée.

Gâchage en auge. Pour préparer des petites quantités de mortier, destinées à des scellements, au rebouchage de sai-

Les techniques de base

gnées ou à la réfection de joints, on utilise une auge en bois, en matière plastique ou en caoutchouc. Cette auge doit être parfaitement propre. Le dosage est effectué à l'aide d'un petit récipient. Versez le sable, puis le liant, et mélanger longuement à l'aide de la truelle, en un mouvement tournant. Il est essentiel que le mélange soit parfaitement homogène avant d'incorporer l'eau. Versez ensuite une partie de l'eau après avoir ménagé une petite dépression au centre de l'auge. Jetez peu à peu la poudre dans l'eau pour que tout soit humidifié. Malaxez énergiquement à la truelle, et coupez du tranchant de la lame pour permettre une parfaite répartition de l'eau de gâchage. Versez le reste d'eau au fur et à mesure.

Gâchage en bac. Constitués de matière plastique très résistante, les bacs à gâchage de mortier sont destinés à suppléer l'absence d'aire de gâchage pour préparer des quantités assez importantes. Il n'est pas toujours facile de trouver une aire convenable, que ce soit sur un chantier extérieur où les surfaces planes et propres sont rares, ou à l'intérieur, où il ne saurait être question de préparer le matériau sur un carrelage par exemple. Le bac permet de gâcher une bonne vingtaine de kilos de liant.
Si vous travaillez à l'intérieur sur un sol propre, placez le bac sur une bâche ou sur un film de matière plastique. Le principal intérêt du bac sur un chantier est de permettre la préparation d'un mortier de bonne qualité, sans aucune impureté. Il faut donc que le bac lui-même soit parfaitement propre et sec. Si vous devez effectuer des travaux dans un endroit qu'il n'est pas question de souiller (pelouse par exemple, ou terrasse, ou trottoir) le bac constitue la solution idéale. Il faut simplement qu'il soit stable (mais il peut être placé sur un terrain en pente légère). Avant d'aborder le gâchage, faites les dosages (voir le tableau) du liant, du sable et de l'eau selon le type de mortier préparé. Vérifiez que le sable est sec, et

Les techniques de base

Gâchage en bac :
1. Présentation des "ingrédients".
2. Mélange du sable et du ciment.
3. Ajout de l'eau de gâchage.
4. Gâchage du mélange.
5. Le foisonnement du sable peut fausser les quantités nécessaires. Pour éviter cela : remplissez le seau jusqu'à un repère et ajoutez de l'eau ; laissez le sable se déposer et ajoutez la quantité qu'il faut jusqu'au repère.

4

s'il est humide (foisonné), tenez en compte pour le dosage de l'eau. Réunissez sur le bac des différents "ingrédients" et vérifiez la propreté des outils (pelle). L'eau de gâchage, qui joue un rôle essentiel dans la préparation, doit elle aussi être parfaitement propre. Avec la pelle, mélangez intimement sable et liant. Retournez plusieurs fois le tas car l'homogénéité du mélange doit être parfaite.
Ménagez ensuite un petit cratère au centre du tas. Versez en une seule fois l'eau de gâchage (3). Avec la pelle, jetez petit à petit la poudre dans l'eau afin qu'elle soit complètement absorbée. Il reste ensuite à malaxer l'ensemble (4) en retournant plusieurs fois le tas avec la pelle (vous pouvez également utilisez une binette). La pâte obtenue doit être onctueuse et doit pouvoir être lisser aisément à l'aide de la truelle.
Après utilisation, lavez le bac à grande eau, surtout n'attendez pas que le mortier sèche.

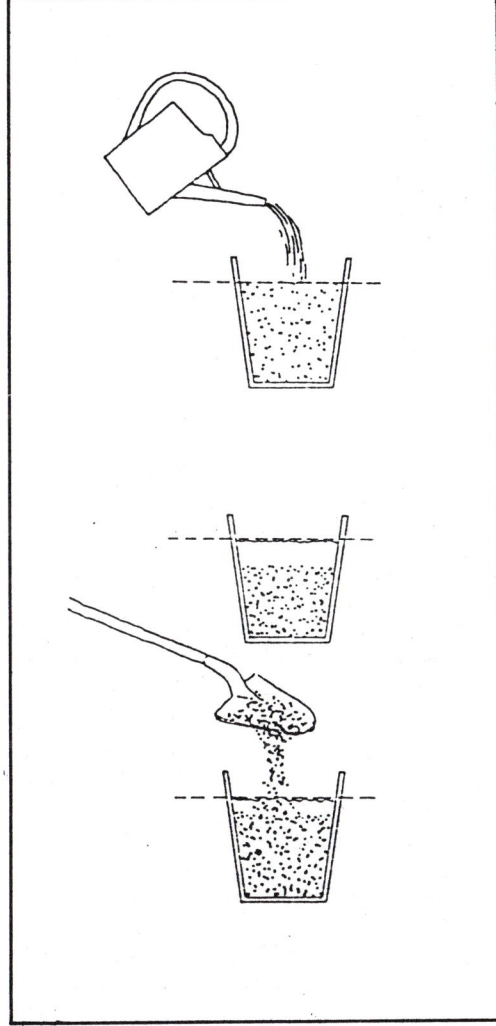

5

Les différents mortiers

Mortier de chaux
1 part de chaux ; 2 à 3 parts de sable
Mortier de ciment
1 part de ciment ; 2 à 3 parts de sable
Mortier bâtard
1/2 part de chaux ; 1/2 part de ciment ; 2 à 3 parts de sable

Les techniques de base

Le béton

C'est l'incorporation de graviers ou de pierres concassées qui donne au béton sa haute résistance. La préparation du béton est proche de celle du mortier ; toutefois, le poids des matériaux utilisés et la destination particulière du béton (coulage en dalle ou en coffrage) implique l'utilisation d'une machine, la bétonnière, qui permet de préparer rapidement les grandes quantités nécessaires.

La solidité du béton dépend du dosage sable/graviers d'une part, et de la proportion de ciment d'autre part (jamais de chaux). Les dosages seront adaptés à la destination du béton (voir tableau p. 37).

Les graviers. On utilise toutes les formes de particules rocheuses. Les graviers sont classés selon leur grosseur, et leur origine. C'est le gravier de rivière qui est le plus recherché ; les formes arrondies et polies permettent un meilleur calage lors du mélange. Dans la pratique, on utilise surtout des graviers provenant de pierres concassées. Quelque soit leur origine, les graviers doivent toujours être parfaitement propres et débarrassés des boues.

Le béton industriel est préparé à partir de graviers de différentes grosseurs, ce qui lui donne une haute résistance (on dit qu'il présente une granulométrie continue). Le béton préparé par l'amateur incorpore des graviers d'une seule catégorie (granulométrie discontinue). Utilisez des cailloux calibrés de 10 à 40 mm de diamètre. Le sable utilisé présente les mêmes caractéristiques que pour le mortier.

Le liant. Pour que le béton soit résistant, on utilise des ciments de classe élevée comme le ciment Portland artificiel (CPA) 250 ou 325. Les bétons industriels hautement résistants sont préparés à partir de ciments de classe 400 ou même 500.

Le béton armé. Pour couler un ouvrage de béton (linteau, dalle, poutre, poteau ou muret), il est indispensable de le ferrailler. Les fers à béton sont lisses ou tréfilés et doivent être noyés dans la masse. Les fers doivent être mis en forme par torsion pour être adaptés à la forme de l'ouvrage ; ils sont ligaturés entre eux.

Gâchage à la bétonnière. Indispensable pour préparer le béton dès que l'on s'attaque à un ouvrage conséquent,

1. Gravier.
2. Sable.

Les techniques de base

1. Chargement de la bétonnière en eau.
2. Ajout du sable...
3. ...du ciment...
4. ...et des graviers.

la bétonnière est une machine électrique (220 V) ou à essence (moteur de 3 ch). La machine, qui peut être louée, doit être établie sur le chantier à proximité de l'ouvrage. Evitez les transports du béton sur une longue distance, qui ont pour résultat de faire descendre au fond de la brouette les agrégats lourds. Préparez les éléments du mélange en effectuant le dosage (les quantités dépendent de la contenance de la cuve).

– *Remplissage de la cuve*. Chargez la bétonnière avec méthode en respectant les dosages, dans l'ordre suivant : eau, sable, graviers, ciment.
Utilisez le même récipient, ce qui vous permettra de doser correctement les différents composants.
Un modèle courant de bétonnière permet de préparer environ 125 litres de béton. La machine doit être placée sur une surface stable et plane. Si elle est électrique, respectez les normes de sécurité pour le raccordement (le câble isolé doit cheminer en hauteur, et non traîner à terre). Le chargement de la cuve doit être effectué rapidement et être suivi immédiatement du malaxage.

Les techniques de base

1. Chargement d'une brouette.
2. Le béton est déversé directement dans le bac.
3. Nettoyage de la bétonnière.
4. Préparation du béton sur aire plastique.
5. Malaxage sur aire.

– *Malaxage.* Mettez la cuve en rotation. Le malaxage est court et sa durée exacte varie en fonction de la dimension de la cuve (de l'ordre de 3 minutes). Un malaxage trop long donne un mélange non homogène, les éléments étant séparés sous l'effet de la force centrifuge.

– *Mise en œuvre.* Le béton est recueilli par basculage de la cuve. Une roue, ou

Les techniques de base

un simple levier, permet d'incliner la bétonnière alors qu'elle ne cesse pas de tourner. Il est d'ailleurs possible de récupérer le béton en plusieurs fois. Le mélange peut être recueilli dans une auge pour les petites quantités, ou dans une brouette s'il faut le véhiculer (ou même dans un grand bac en matière plastique). Il faut l'utiliser dans la demi-heure qui suit. Il reste ensuite à nettoyer (immédiatement !) la cuve. Inclinez-la et dirigez un jet d'eau à forte pression à l'intérieur.

Gâchage sur aire. Le gâchage manuel du béton est réservé aux petites quantités. L'aire doit être propre (film de plastique). Vous pouvez fort bien apporter l'eau par tuyau d'arrosage.

Mélangez sable, graviers et ciment pour former un tas que vous ouvrirez en cratère, à l'aide de la pelle.
Déversez l'eau dans ce cratère : l'emploi d'un pistolet d'arrosage (notre photo) permet de déverser l'eau en pluie et ainsi de bien mouiller le mélange.
Malaxez à la pelle : vous devez obtenir une pâte huileuse et peu liquide. C'est pourquoi il est préférable de rajouter de l'eau au fur et à mesure : il est impossible d'en retirer et il est exclu de rajouter du ciment.

L'auge ne peut servir qu'à la préparation de quantité de béton très limitée.

Les adjuvants

Il s'agit de certains produits qui, incorporés au béton, en améliore les performances. On trouve ainsi des plastifiants, des accélérateurs de prise ou de durcissement, des retardateurs de prise, etc.

DOSAGE DES BÉTON

Utilisation	Graviers en litres	Sable en litres	Ciment en kilos
Béton			
– linteaux	780	460	400
– semelle (10 cm d'épaisseur)	750	510	350
Dalle	750	510	350
Fondations	700	600	250
Murs	730	550	300
Moulage	750	510	350
Piliers, poteaux	730	550	300

Les techniques de base

Le plâtre

La prise rapide du plâtre impose de ne préparer que de petites quantités afin d'avoir le temps de l'appliquer avant qu'il ne durcisse. Le dosage eau/plâtre varie selon l'emploi : enduit, scellement, assemblage, de briques ; en effet le plâtre peut être gâché plus ou moins liquide.

La préparation. C'est généralement dans une auge en matière plastique que l'on gâche le plâtre. On peut aussi se servir d'une cuvette ou d'une bassine. Une condition : le récipient doit toujours être parfaitement propre.

> Une règle : on verse toujours le plâtre sur l'eau ; le contraire (l'eau sur le plâtre) entraîne la formation de grumeaux, difficiles à éliminer. Il faut utiliser une eau parfaitement propre et si possible vierge de sels minéraux (qui laissent les traces au moment du séchage du plâtre).

Le dosage. Pour les plâtres ordinaires (assemblages de briques), on peut adopter le rapport suivant : une part de plâtre pour une part d'eau. Les plâtres destinés aux scellements ou aux rebouchages de saignées peuvent être plus épais (jusqu'à 3 volumes de plâtre pour un volume d'eau). Au contraire, les plâtres utilisés pour les enduits peuvent être très liquides. Le gâchage s'effectue avec un "trousse-couilles". Plantez des gros clous en guise de dents et reliez-les avec du fil de fer. Cet outil est très efficace pour battre le plâtre et faciliter le travail de gâchage.

Le test de la truelle. Pour vérifier que votre dosage est correct, trempez la truelle et soulevez un peu de plâtre sur la lame (6). Il doit s'étaler sur toute la lame comme une crème, sans trop couler. Si le mélange n'est pas correct, vous pouvez ajouter immédiatement un peu de plâtre (jamais d'eau). Sinon, utilisez le plâtre tel quel, et modifiez le dosage pour la préparation suivante. Attention ! Lorsque le plâtre a commencé à prendre (à durcir) il devient inutilisable. En le battant à nouveau, on peut le ramollir, mais il s'émiettera lors du séchage. N'essayez donc pas de récupérer un plâtre qui a commencé à prendre. Il faut le jeter.

Nettoyage des outils. Après application du plâtre, il faut immédiatement laver les outils sans attendre le durcissement. Si

1. Matériel et produits nécessaires au gâchage du plâtre.
2. Déversement de l'eau dans l'auge.

Les techniques de base

vous négligez cette précaution, vous devez casser le plâtre au marteau pour libérer l'auge. Cependant, il n'est pas nécessaire de nettoyer le récipient entre deux gâchées consécutives.

Le mélange. Après avoir versé l'eau, répandez le plâtre en pluie fine (3) tout en remuant énergiquement avec la truelle. Ne laissez pas au plâtre le temps de former une croûte en surface. Le mouvement de la truelle doit être vif, mais pas trop rapide. S'il se forme malgré tout des grumeaux, il faut les réduire en poudre en les écrasant entre les doigts ; le plâtre est irritant pour la peau : rincez-vous les mains. Cette opération doit être rapide (deux à trois minutes). Il faut ensuite laisser le plâtre reposer 5 minutes environ (un peu plus si le plâtre est très liquide).

Une autre solution consiste à utiliser un petit râteau en bois à fabriquer soi-même (4).

3. Saupoudrage du plâtre sur l'eau.
4. Fabrication de l'accessoire de gâchage.
5. Gâchage.
6. Test de la pâte obtenue.

Maçonner

MAÇONNER

Les différents travaux de maçonnerie
sont autant d'étapes d'un même processus
qui doit aboutir à donner à la construction
cohésion, résistance et longévité. La maîtrise
de tout ce développement et des techniques
nécessaires à la réalisation de chacune
des opérations, cela s'appelle "maçonner".

Un ouvrage de maçonnerie se fait principalement en deux temps : la construction, puis le revêtement, du moins quand on ne désire pas laisser apparent le matériau qui peut offrir un intérêt décoratif. Ceci est le cas, en particulier, lorsqu'il s'agit de briques ou de pierres.

La construction

Il s'agit d'une activité dont les origines se confondent avec celles de la civilisation et qui est devenue, au fil du temps et pour des raisons liées au développement de la société, le domaine réservé d'une corporation. Elever un mur de briques, de pierres ou de parpaings : une activité qui peut sembler toute simple et qui pourtant doit être considérée comme un art véritable. Et, à juste titre, le dicton affirme : "c'est au pied du mur que l'on voit le maçon" ; c'est-à-dire, non seulement avant que les travaux ne débutent mais aussi, une fois la construction terminée, va-t-elle résister aux chocs, aux intempéries, au temps ? Il ne suffit pas en effet de monter les matériaux les uns sur les autres pour obtenir la rigidité et la solidité indispensable. Bien les choisir et employer le liant adéquat (mortier ou plâtre) ne saurait non plus suffire.
Chaque geste du maçon que vous allez apprendre doit donner à l'ouvrage sa solidité : réalisation des fondations, pose de la première rangée, coupe et jointoiement des éléments, élévation et appareillage des rangées suivantes, contrôle de la verticalité, de l'horizontabilité, de la planéité de l'alignement, etc.
Il ne s'agit pas des arcanes d'un savoir secret : ils sont à votre portée et sans leur maîtrise vous ne ferez rien de bon.

Le revêtement

Une fois la construction terminée, il faut la recouvrir d'un enduit dont la fonction est de protéger le matériau tout en offrant une surface d'accrochage à un revêtement décoratif éventuel.
Aussi, le type d'enduit que vous retiendrez devra-t-il être adapté à la construction elle-même : il en améliorera d'autant la cohésion d'ensemble.
Là encore, il vous faut apprendre et mettre en œuvre les différentes étapes par lesquelles doit passer la réalisation d'un enduit, qu'il s'agisse de plâtre ou de mortier.

Maçonner

Les enduits

Intérieurs ou extérieurs, les enduits servent à protéger le gros œuvre (briques, parpaings ou béton) contre les intempéries ou les chocs. A l'extérieur, les enduits de mortier jouent un rôle décoratif lorsque les éléments de construction ne sont pas esthétiques ; ils ne sont pas indispensables.

A l'intérieur, les enduits au plâtre permettent de rectifier les surfaces du gros œuvre pour appliquer ensuite la finition.

Il existe différents types d'enduits spéciaux décoratifs : à base de pierres reconstituées par exemple pour l'extérieur (sur sous-couche de mortier). De nombreux produits à base de résines synthétiques remplacent aujourd'hui les enduits traditionnels au mortier et même au plâtre. Ces enduits se présentent sous forme de pâte que l'on applique directement sur la maçonnerie, sur laquelle on imprime ou non un dessin décoratif.

Enduits au plâtre. L'épaisseur d'une couche de plâtre doit être de 2 cm environ. Un enduit au plâtre donne une excellente base pour la finition. Bon isolant, il constitue, de plus, un remarquable régulateur de l'humidité.

– *Préparation du mur.* Le plâtre adhère sur tous les types de maçonnerie. Le mur doit être parfaitement sain et net. Sur une paroi ancienne, il faut éliminer toutes les parties de la maçonnerie qui n'adhèrent pas parfaitement. Utilisez le marteau et le ciseau de maçon, ou encore le marteau de maçon à tête pointue pour effectuer ce nettoyage. Effectuez ensuite un lavage de la maçonnerie pour dépoussiérer et aussi pour éliminer les taches d'huile qui pourraient gêner l'accrochage de l'enduit. Si vous avez utilisé un décapant chimique, lavez à grande eau sauf indications contraires.

– *La préparation de l'enduit.* Le gâchage de l'enduit se fait en auge (1 volume d'enduit pour 1,5 volume d'eau). Un plâtre trop liquide sera assez difficile à appliquer et coulera sur la paroi. N'omettez pas de laisser l'enduit reposer 5 minutes avant l'application, c'est le temps dit de "gonflement".

Ne préparez pas trop d'enduit d'un coup. Pour un enduit de 2 cm d'épaisseur, il faut compter une vingtaine de litres de plâtre par mètre linéaire.

1. Matériel nécessaire.
2. Préparation d'un enduit intérieur.

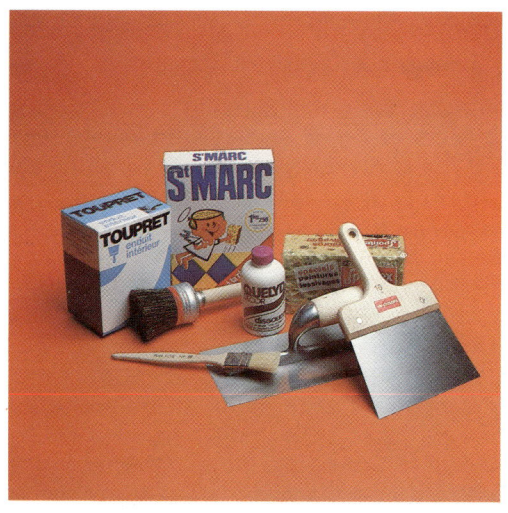

Maçonner

Pendant ce temps, affûtez le couteau à enduire, ce qui vous permettra de réaliser un bon lissage.

– *Application.* Une fois le support, l'enduit et les outils prêts, vous pouvez passer à l'application de l'enduit. Cette opération se fait plus précisément en deux étapes.
La première ou "graissage", consiste à déposer sur le mur la quantité d'enduit nécessaire pour couvrir une surface carrée de 60 cm de côté environ. Cette première couche est assez épaisse.
Le lissage de cette couche est la seconde étape. Pour l'effectuer, commencez par étaler grossièrement l'enduit sur la surface à recouvrir. Puis, lissez en tenant la lame de biais à pleine main, le pouce en dessous, et chassez l'excédent d'enduit du côté qui reste à recouvrir.
Il est également possible de travailler avec un plâtroir qui, muni d'une poignée, présente l'avantage d'un maniement plus facile et qui permet aussi de couvrir des surfaces plus importantes. Pour le reste, la technique est exacte-

3. Attention aux clous dans le mur !
4. Affûtage de la lame du couteau.
5. L'enduit est prêt à être appliqué.
6. "Graissage" de la surface.

Maçonner

7. Travail au plâtroir.
8. Lissage.
9. Fin du lissage.

ment la même que celle employée avec le couteau à enduire : graissage puis lissage. Si vous constatez que vous avez préparé trop de plâtre et que ce qui reste dans l'auge commence à durcir, n'essayez pas de rajouter de l'eau ou de le remuer ; il devient inutilisable. Jetez-le et préparez une nouvelle gâchée.

– *Finition.* Lorsque le plâtre est déjà dur (mais pas encore sec), il est possible de rectifier la surface si elle n'est pas parfaitement plane. On utilise la partie dentée d'une truelle Berthelet (il existe aussi des plâtroirs dentelés). Une fois l'enduit étendu, nettoyez les plinthes ou les montants des huisseries qui auraient pu être éclaboussés avec un pinceau trempé dans de l'eau. Le plâtre met plusieurs semaines à sécher complètement. Avant de peindre par-dessus, il faut appliquer un enduit de lissage destiné à boucher les pores du plâtre (enduit en fine pellicule applicable au couteau).

Enduits au mortier. Destinés à l'extérieur, les enduits de mortier s'appliquent à la main ou à la machine, en une, deux ou trois couches.

– *Préparation.* Le mur doit être nettoyé, débarrassé de toutes les parties qui adhèrent mal puis, dépoussiéré. Les murs neufs en béton seront nettoyés avec des huiles de décoffrage.

– *Les lattes verticales.* Pour appliquer plus facilement l'enduit, fixez des lattes verticales sur le mur ; elles serviront de guides pour tirer l'enduit. Ces lattes

Maçonner

1. Mise en place d'une barre d'écartement.
2. Réglage des lattes verticales.
3. Jeté du mortier.
4. Egalisation à la règle.

doivent être mises en place à l'aide du fil à plomb ou du niveau à bulles pour être parfaitement verticales (2). Le mur est ainsi divisé en plusieurs surfaces qu'il faut enduire les unes après les autres.
Le mortier est gâché en auge ou sur aire. La première couche (gobetis) est faite d'un mortier assez riche en ciment (voir tableau des dosages page 29). La couche de finition met en œuvre un sable fin (le liant ne doit jamais être du ciment pur, mais un mélange de ciment et de chaux). L'épaisseur totale d'un enduit est variable : pour un enduit traditionnel, la couche d'accroche est fine (3 mm) ; la seconde couche peut être épaisse de 15 mm, et la couche de finition de 5 mm.

– *Application.* Le mortier est jeté à la truelle entre les lattes. La technique pour jeter le mortier est assez facile à acquérir. Il faut prendre un peu de mor-

Maçonner

1. Lissage d'un enduit extérieur.
2. Enduit intérieur : réglage d'une latte verticale, après séchage du gobetis.
3. Enduit décoratif extérieur sur parpaings.
Page ci-contre : utilisation d'une tyrolienne.

tier sur le bout de la truelle et le jeter sur le support d'un mouvement du poignet.
Le dressage de l'enduit s'effectue avec une longue règle de maçon qui glisse sur les lattes. La règle aplanit la surface et enlève l'excédent de mortier. il faut ensuite lisser à la taloche. Lorsque le mortier a pris, enlevez les lattes et rebouchez immédiatement au mortier.
Si vous appliquez plusieurs couches, il faut attendre 24 h après la couche d'accroche, et plusieurs jours après la seconde couche (avant la couche de finition). Il faut lisser particulièrement la couche de finition qui ne doit présenter aucune irrégularité.

– *Le séchage.* Les intempéries posent souvent des problèmes pour le séchage des enduits. Une règle : abstenez-vous de passer votre enduit quand le temps est froid (risque de gel) ou par grosse chaleur (séchage trop rapide). S'il y a des risques de pluie, protégez la surface enduite à l'aide de bâche ou de films en matière plastique. S'il fait chaud, il est préférable de ralentir le séchage par des pulvérisations d'eau (en petite quantité).

Les enduits grainés. On peut décorer l'enduit en projetant de petits gravillons sur une couche de mortier fraîche. On obtient ainsi une surface rugueuse. On utilise différents types de pierres concassées en grains calibrés. Les grains sont projetés sur la couche de mortier lissée. Ce type d'enduit est particulièrement adapté aux murets de clôture.

Crépis mouchetés. Très répandu pour les façades, le mouchetis est générale-

Maçonner

ment réalisé à l'aide d'une machine à crépir : la tyrolienne. Cet appareil est un récipient dans lequel tourne un hérisson équipé de peignes en acier inox, mu par une manivelle. On introduit le mortier dans le récipient après avoir réglé la butée permettant de déterminer la grosseur du grain.

L'appareil est tenu d'une main pendant que l'on tourne la manivelle de l'autre. La tyrolienne est déplacée dans un mouvement latéral de va-et-vient pour couvrir de manière homogène toute la surface. Tenez l'appareil à une cinquantaine de centimètres du mur. Évitez d'appliquer en une seule fois une couche trop importante. Il est préférable de passer plusieurs couches en attendant 24 h entre chaque.

On peut également réaliser un mouchetis décoratif sans tyrolienne, à la main. Confectionnez un petit balai avec des branches de bouleau souples, liées en botte à une extrémité. Ce balai est trempé dans le mortier destiné à la couche de finition. Le balai est ensuite secoué sur le support : il projette de petites particules. Le crépi obtenu n'a pas la régularité de celui réalisé à la tyrolienne. Il a un aspect plus rustique, très original et décoratif.

Maçonner

Les enduits décoratifs. De très nombreux produits sont actuellement disponibles pour réaliser des enduits décoratifs, à l'intérieur comme à l'extérieur. Ils se présentent le plus souvent en pâte prête à l'emploi. Ils sont le plus souvent à base de résines synthétiques qui leurs confèrent des qualités très intéressantes : étanchéité (sans toutefois une imperméabilité totale : la maçonnerie peut "respirer"), élasticité (ils dissimulent les petites fissures sans qu'il soit nécessaire de reboucher), adhérence sur tous supports sains.

Ces produits sont faciles à appliquer. Il est possible d'imprimer différents décors sur cette pâte épaisse. Le rouleau à picots laisse des motifs réguliers alors qu'un rouleau ordinaire crée un mouchetis. On peut également créer des motifs avec différents instruments : spatule, brosse à maroufler ou encore... la main.

1. Préparation d'un durcisseur.
2. Application du durcisseur au rouleau.
3. Pose de l'enduit.
4. Création d'un motif à l'aide d'un rouleau
5. Motif réalisé à l'aide d'une spatule...
6. ...d'une brosse à maroufler...
7. ...d'une brosse ronde...
8. ...ou directement à la main.

Maçonner

5

6

7

8

LES DIFFÉRENTS ENDUITS

Produits	Utilisations	Applications	Supports	Décors
Plâtre	Enduits murs intérieurs, plafonds	Couteau à enduire truelle, plâtroir	Toutes maçonneries	Motifs en relief possibles mais difficiles
Mortier	Enduits et crépis pour façades et murets décoratifs	Truelle avec lattes (2 couches), tyrolienne	Toutes maçonneries sauf plâtre	Mouchetis, grainage
Enduits prêts à l'emploi aux résines synthétiques	Intérieurs ou extérieurs	Couteau, spatule ou rouleau	Toutes maçonneries (bois pour certains)	Tous décors en relief faciles à réaliser

Maçonner

Les pierres

Qu'ils s'agissent de moellons grossièrement taillés ou de pierres de taille de forme régulière, les pierres sont des éléments de construction lourds. Cela implique une attention particulière aux fondations. Pour le jointoiement, on utilise un mortier bâtard qui permet de donner une meilleure assise aux blocs que le mortier de ciment.

L'outillage nécessaire est un peu particulier, compte tenu de la dureté du matériau. Pour retailler les blocs ou pour les couper, il faut utiliser un ciseau à pierre ainsi qu'une massette. On peut aussi donner une forme aux moellons à l'aide d'un marteau de maçon à tête pointue, ou même d'un marteau traditionnel de tailleur de pierres à faces aplanies et dentées. Les blocs sont facilement retaillables à l'aide de disques à tronçonner montés sur perceuses ou de meuleuses.

Les pierres trouvent de nombreux emplois, en tant que matériaux de construction ou en tant que revêtements :
1. Mur de clôture
2 et 3. Escaliers.
4. Muret de soutènement.

Maçonner

Pierres sèches. Un muret décoratif en pierres sèches (sans mortier d'assemblage) peut être construit au jardin ou en clôture. Cette construction demande beaucoup de soins pour être solide ; surtout, elle doit être de hauteur limitée (1 m à 1,5 m). Les fondations sont indispensables, comme pour un muret ordinaire. Il faut creuser une petite tranchée, nettement plus large que le mur lui-même. On y place un hérisson de pierres et une couche de sable. Ces fondations donnent une bonne stabilité au muret ; elles permettent, en outre, l'écoulement des eaux de pluie.

Les pierres doivent être alignées au cordeau. Plantez de petits piquets de la hauteur projetée du muret sur lesquels vous passerez le cordeau (qui "monte" avec le mur). L'alignement des pierres et leur verticalité sont essentiels pour un tel muret : ces deux règles lui donnent sa stabilité.

Il faut sélectionner les pierres en fonction de leur forme pour effectuer le travail d'assemblage. La face la plus plate du moellon est choisie comme parement pour être placée vers l'extérieur. Les pierres d'angle doivent avoir deux faces en angle droit.

Commencez par placer une pierre d'angle de base qui doit être un gros bloc. Les moellons sont disposés, de manière à s'assembler le mieux possible. On les cale à l'aide de pierres plus petites. Des pierres allongées sont mises en travers (boutisse) pour "chaîner" les deux côtés du muret. Les gros blocs doivent être placés de manière que les joints soient alternés d'une rangée sur l'autre. De grosses pierres plates sont réservées pour le couronnement. On peut par la suite placer un peu de terre dans les joints pour cultiver des plantes (muret fleuri).

Muret de pierres sèches :
1. Mise en place de la rangée de base.
2. Jointoiement de terre.
3. Pierre plate placée au sommet du muret.

Maçonner

Pierres de construction. La construction d'un muret de moellons assemblés avec du mortier (muret de clôture ou de soutènement) s'inspire des principes exposés pour les murets de pierres sèches. Les fondations sont généralement constituées d'une semelle de béton coulée dans une tranchée plus large que le mur. Cette semelle est en béton assez grossier, d'une épaisseur de 15 cm environ (pour un muret de 1 m). Préparez un mortier bâtard (mélange de chaux et de ciment) et non un mortier de ciment qui manque de souplesse. Disposez un cordeau sur des piquets pour permettre l'alignement des blocs. Déplacez le cordeau en hauteur au fur et à mesure de la construction.
Mouillez largement la semelle de béton (il faut attendre quelques jours entre le coulage de la semelle et la construction du muret). Appliquez à la truelle une couche de mortier assez épaisse (5 cm environ). On commence généralement par une grosse pierre d'angle, choisie en fonction de sa forme (deux faces doivent être en angle droit).

1. Jointoiement au mortier.
2. Faites prendre à chaque pierre son assise dans le mortier.
3. Contrôlez régulièrement la verticalité.
4. Bourrage des joints supérieurs.

Maçonner

Le muret doit être assez large pour être solide. Ce n'est donc pas, en général, les mêmes pierres qui sont apparentes de chaque côté (sauf s'il s'agit de gros blocs plats). En pratique, on monte la construction comme s'il s'agissait de deux murs voisins. Il faut lier ensemble ces deux parties pour assurer la cohésion de l'ensemble. C'est pourquoi on place quelques pierres allongées en travers (boutisse). Les autres blocs sont placés dans le sens de la longueur. La première rangée de pierres est placée sur la couche de mortier. Respectez scrupuleusement l'alignement. Enfoncez chacun des éléments dans le mortier de quelques coups du manche de la massette afin qu'il prenne son assise. Choisissez les blocs les plus gros pour la rangée de base. Etalez ensuite une couche de mortier sur la première rangée, et mettez en place les blocs de la seconde rangée. Vérifiez l'alignement pour chaque bloc, et utilisez le fil à plomb pour contrôler la verticalité (essentielle).

5. Tassez le mortier des joints supérieurs.
6. Lissage.
7. Brossage du mortier.
8. Muret terminé.

5

6

7

8

Maçonner

Pierres de taille. La forme régulière des pierres de taille permet de monter le mur comme avec des briques. Il faut cependant particulièrement soigner les fondations pour tenir compte du poids des blocs. Constituez une semelle en béton de 15 à 25 cm selon la hauteur du mur.
Utilisez un mortier bâtard et mouillez les pierres avant de les mettre en place pour qu'elles n'absorbent pas l'eau de gâchage.
Les coupes peuvent être effectuées à l'aide d'un disque à tronçonner (meuleuse d'angle). On utilise aussi le ciseau de tailleur de pierre et la massette, ou le piolet. Ouvrez tout d'abord une saignée sur tout le périmètre du trait de coupe et frappez ensuite d'un coup sec pour couper le bloc.
Les joints doivent être décalés d'une rangée sur l'autre ; utilisez de petites cales pour que les joints soient réguliers. Les joints sont généralement un peu en retrait. Pour les égaliser, on utilise un fer à joint.

1. Montage d'un mur en pierre de taille.
2. Découpe d'une dalle de schiste à la meuleuse d'angle.
3. Établissement de marches : déposez le mortier sur une assise de pierres...
4. ...et posez la dalle constituant la marche.

Maçonner

Percement d'une baie

Le percement d'une ouverture dans une façade ou un mur de pignon est une opération assez délicate, car il s'agit de murs porteurs. La fenêtre doit donc être placée de telle manière que les jambages (côtés de l'ouverture) reposent sur des pièces solides (trumeau). De plus on doit compenser l'affaiblissement du mur par la mise en place d'un bloc résistant sur les jambages.

Les précautions. Avant de commencer les travaux, il faut prendre un certain nombre de précautions.
Si l'ouverture est située au rez-de-chaussée, étayez le plancher du premier étage à l'aide d'étais métalliques réglables. S'il existe déjà une ouverture dans le mur à percer, il faut aussi placer des étais sous le linteau.
En outre, la baie que vous envisagez d'ouvrir sera de largeur modérée (fenêtre ordinaire ou porte simple). L'ouverture d'une large baie pose des problèmes d'architecture qu'il faut laisser aux spécialistes.

Démolition. Tracez l'encadrement de l'ouverture à l'aide d'un cordeau à poudre. Attaquez la maçonnerie à l'aide d'un ciseau de maçon et d'une massette, de l'intérieur vers l'extérieur.

Dans la partie supérieure, ouvrez l'emplacement du linteau. Pour une fenêtre ordinaire, celui-ci doit déborder de 20 cm au moins de chaque côté de la baie.

Réalisation du linteau. Vous trouverez dans le commerce des linteaux prêts à être posés. Il s'agit cependant de pièces très lourdes, difficiles à déplacer. Dans certaines constructions, on peut utiliser des linteaux en bois.
Le moulage d'un linteau est un travail à la portée d'un amateur averti.

– *La construction du coffrage.* Utilisez du bois de coffrage, raboté une face (qui doit être placée vers l'intérieur). On utilise aussi du contreplaqué de coffrage (CTBX). Soignez particulièrement la réalisation du coffre et notamment l'équerrage : c'est de la qualité du moule que dépend celle du linteau. Les planches sont clouées (les clous ne sont pas totalement enfoncés afin de permettre le décoffrage).
La pièce de bois inférieure du moule repose sur plusieurs étais dont la base est posée sur la partie basse de la baie.

1. Percement de la table.
2. Vue de l'ouverture avant la mise en place des étais.

Maçonner

1

2

3

4

– *Le ferraillage.* La disposition des fers d'armature suit la forme du linteau. On doit mettre en place quatre fers horizontaux (recourbés à leurs extrémités). Ces fers horizontaux (ou fers filants) sont reliés entre eux par des cadres de fil de fer recuit, placés tous les 15 cm, que l'on serre à la pince (voir aussi page 85).
L'armature doit occuper toute la longueur du coffrage sans être, en aucune de ses parties, en contact avec le moule (les normes imposent une distance minimale de 20 mm entre les fers et le bois de coffrage). Il faut donc suspendre l'armature à l'aide d'un fil de fer que l'on retire après le coulage du béton, lorsque celui-ci commence à

1. Mise en place des étais.
2. Établissement du coffrage pour la réalisation du linteau.
3. Ferraillage.
4. Fermeture du coffrage.

prendre (mais pas trop tôt car l'armature pourrait descendre).

– *Préparation du béton.* Gâchez le béton sur aire ou en bétonnière. Les granulats utilisés ne doivent pas être trop gros (ils pourraient être bloqués par l'armature et laisser des vides dans le béton). Utilisez un ciment CPA de haute résistance pour que la poutre soit très solide.

Maçonner

— *Coulage du béton.* Mouillez largement le bois pour éviter qu'il n'absorbe l'eau du gâchage du béton. Coulez le béton en une seule fois. Pour qu'il remplisse parfaitement tout le moule, donnez des petits coups de marteau sur le coffrage (vibrage). Le décoffrage ne peut intervenir qu'après durcissement complet du béton, c'est-à-dire une huitaine de jours.

Les jambages. Passez ensuite au maçonnage des deux côtés de la baie. La liaison entre les jambages, constitués de pierres, de briques ou de parpaings, et le linteau est très importante. Ne remplissez pas ce vide avec du mortier. Il faut utiliser des éléments de construction, de préférence des briques pleines, ou réaliser des jambages coffrés en béton. De même, au-dessus du linteau, il ne faut pas combler le vide avec du mortier, mais avec des briques.

L'appui de fenêtre. La réalisation d'un appui en béton est plus simple que celle d'un linteau. Le béton ici n'a pas besoin d'être très solidement armé : quelques fers filants suffisent.

Maçonner

Les briques

La maçonnerie en briques permet la réalisation de petits ouvrages (murets décoratifs, barbecues) qui donnent au maçon amateur la possibilité d'acquérir de l'expérience avant d'entreprendre des ouvrages plus audacieux.

Les briques pleines. Décoratives, les briques pleines restent le plus souvent apparentes. Il faut donc particulièrement soigner l'assemblage, la régularité des joints et l'alignement (il n'y a pas d'enduit pour masquer les erreurs).

– *Les fondations.* Un ouvrage en briques est assez lourd. Les fondations doivent être prévues en conséquence. Un muret ou une petite construction doit reposer sur une semelle de béton (1) coulée dans une tranchée ouverte dans le sol.

– *Les appareillages.* La disposition des briques varie en fonction de l'épaisseur du muret construit. Une brique est le plus souvent posée à plat, dans la longueur (en panneresse) ou dans la largeur (en boutisse) ; plus rarement, elle est placée sur chant (cloisons intérieures).
Les appareillages traditionnels (grec, flamand ou anglais) permettent d'alterner les joints de manière régulière (ce qui évite de créer des zones de faible résistance). Ils permettent également de donner au mur une bonne cohésion interne (afin d'éviter la partition par le milieu). La plupart des appareillages combinent les briques placées en panneresse et en boutisse.

– *La préparation des briques.* N'utilisez que des briques propres, débarrassées de toute trace de boue ou de plâtre (ceci pour les briques de récupération). Elles ne doivent pas être fêlées (elles rendent un son clair quand on les frappe du tranchant de la truelle). Avant la mise en place, faites-les tremper quelques minutes dans un récipient d'eau et laissez-les égoutter.

– *La mise en place.* Utilisez un mortier bâtard à parts égales de chaux et de ciment, ou bien un mortier de chaux. Évitez les mortiers de ciment qui manquent de souplesse.
Les briques se posent "à bain soufflant de mortier" ; cela signifie qu'il doit y avoir une couche suffisante de mortier pour qu'il reflue de tous côtés, en remontant dans le joint vertical (2).

1. Pose d'une brique d'extrémité.
2. Vérification de l'horizontalité.

Maçonner

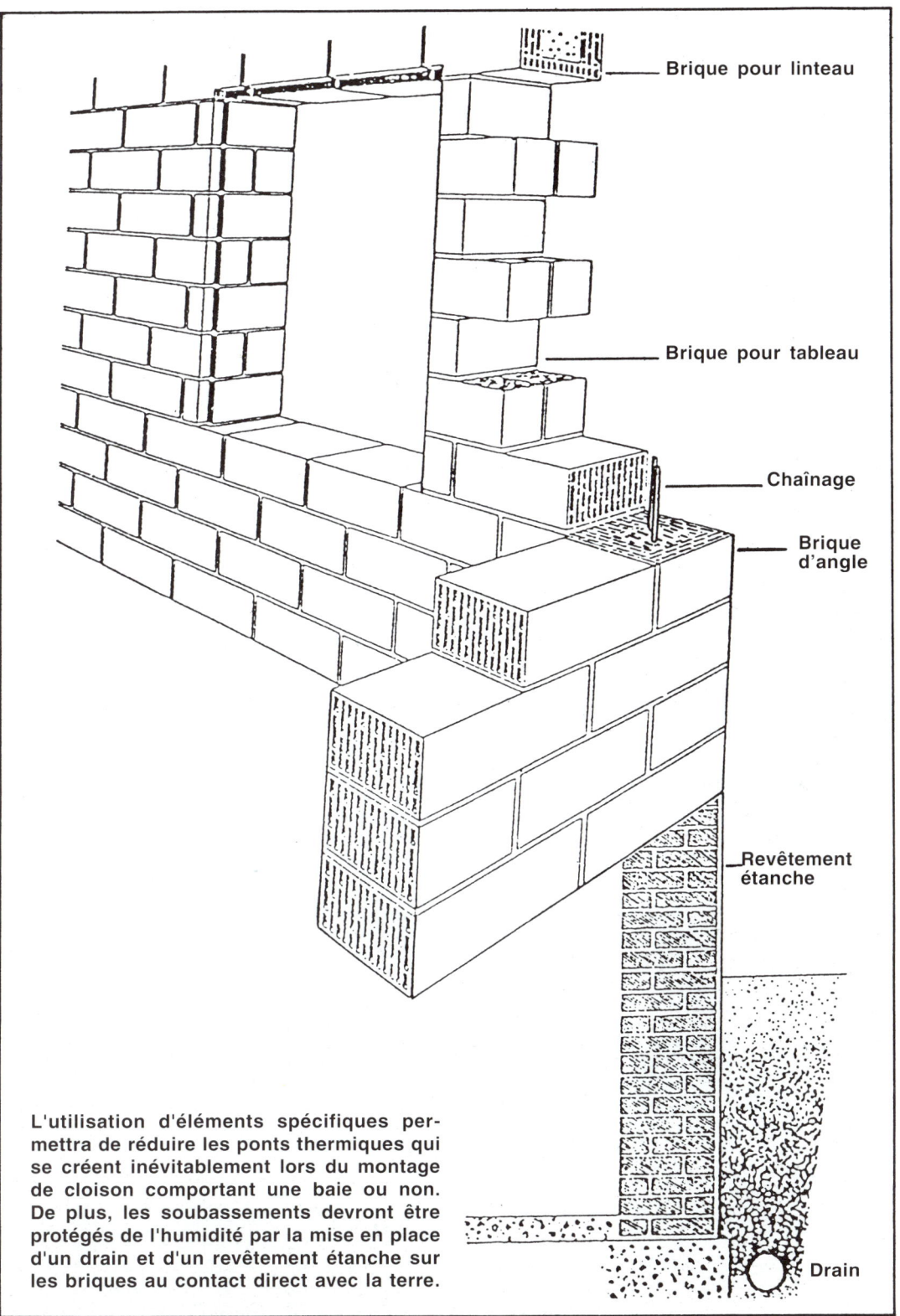

L'utilisation d'éléments spécifiques permettra de réduire les ponts thermiques qui se créent inévitablement lors du montage de cloison comportant une baie ou non. De plus, les soubassements devront être protégés de l'humidité par la mise en place d'un drain et d'un revêtement étanche sur les briques au contact direct avec la terre.

Maçonner

Étalez une couche de mortier sur la semelle de fondation (3). Posez la première brique en l'enfonçant légèrement à l'aide du manche de la truelle. La face supérieure de cette première brique doit être au niveau du cordeau. Les autres briques de la rangée doivent être alignées sur la première (4).

Vérifiez fréquemment l'horizontalité de la rangée à l'aide du niveau à bulles. Pour réaliser des joints réguliers, vous pouvez utiliser des petites cales d'écartement découpées dans un tasseau. On étale ensuite du mortier sur la première rangée, et on procède à la pose de la seconde rangée. Les joints verticaux sont comblés au fur et à mesure, avec le bout de la truelle (5).

Lorsque vous montez le mur, contrôlez en permanence la verticalité de l'ensemble à l'aide du fil à plomb ou au niveau à bulles (6).

– *Les coupes.* Les joints étant alternés, il est nécessaire de couper les briques d'extrémité. Il s'agit généralement de coupes par le milieu. Tracez le trait de coupe à la craie et à l'aide du ciseau de briqueteur creusez une entaille sur tout le pourtour. Frappez à petits coups jusqu'à ce que la brique casse net. On peut aussi procéder avec la massette et le ciseau de briqueteur (8). Si la coupe est un peu irrégulière, rectifiez-la de quelques coups de martelet.

– *Les joints.* Lorsque l'ouvrage est destiné à être enduit, on se contente de remplir les joints au fur et à mesure en raclant le mortier en surplus. Dans le cas de briques apparentes, il faut apporter plus de soin. Lors du montage il faut dégarnir les joints jusqu'à une profondeur de 2 cm. On peut utiliser des baguettes de bois de section carrée (1 cm de côté) que l'on place au bord de chaque rangée avant la pose du mortier. Le rejointoiement n'est effectué qu'en fin d'ouvrage.

– *Efflorescences.* Lors du séchage, il apparaît parfois des traces blanchâtres sur les murs. Ces efflorescences dues à des sels peuvent être éliminées par lavage à grande eau (ou à l'eau légèrement acidulée si elles sont rebelles).

3. Dépose d'un lit de mortier.
4. Montage des briques.
5. Réalisation des joints.
6. Contrôle de la verticalité.
7. Contrôle de l'horizontalité.
8. Coupe d'une brique.
9. Utilisation d'une truelle à joint.
10. Nettoyage.

3

4

Maçonner

Maçonner

Construction d'un barbecue

L'utilisation des briques pleines permet de réaliser de petits ouvrages, utilitaires mais aussi décoratifs, comme ce barbecue de jardin. Il peut être monté sur une terrasse, comme dans un coin du jardin d'agrément ; il s'harmonise mieux au décor qu'un barbecue métallique.

La conception. Avant d'entreprendre la construction, dessinez un plan en y faisant figurer les cotes exactes ; le barbecue peut être plus ou moins important selon la place dont on dispose. Outre le foyer, prévoyez un plan de travail ainsi qu'un espace de rangement (sous le plan de travail) bien utile pour garder à l'abri le bois et le charbon.

Le barbecue peut être entièrement construit en briques pleines. On peut aussi réaliser une construction de parpaings que l'on recouvre de briques, ou de mulots (demi-briques) décoratives, ou de carreaux de briques ; cette dernière solution abaisse nettement le prix de revient du barbecue sans pour autant porter préjudice à l'esthétique. Le foyer doit obligatoirement être construit en briques réfractaires, qui ont pour propriété une parfaite résistance aux fortes températures (ce qui n'est pas le cas des briques ordinaires). Le barbecue présenté ici est fait en parpaings recouverts de briques de Vaugirard (il s'agit de briques rustiques décoratives, à la surface légèrement alvéolée, d'une belle teinte chaude). On peut également choisir des briques de parement à la surface lisse ou vernissée.

Les fondations. L'ensemble étant assez lourd, il faut prévoir des fondations solides : semelle de béton d'une quinzaine de centimètres d'épaisseur. Cette semelle peut occuper tout l'espace au sol du barbecue, ou être simplement coulée sous les murets. Si le terrain est meuble, il faut creuser plus profond et étaler un lit de sable assurant le drainage et la stabilité. Évitez par ailleurs de placer le barbecue sur un sol instable ou dans un creux de terrain (où l'humidité risque d'être stagnante).

**Étant donné la taille de ce barbecue (ci-dessous, à gauche) les briques nécessaires auraient coûté une véritable fortune. Aussi, la solution a-t-elle consisté à construire la structure en parpaings.
Ci-dessous : mise en place des briques réfractaires du foyer.**

1

2

Maçonner

1. Surtout, jointoyez les briques réfractaires à l'aide de mortier réfractaire.
2. Montage des briques de parement. Effectuez les joints au fur et à mesure.
3. Pour qu'ils soient bien réguliers, servez-vous de baguettes de bois de section carrée (1 cm de côté) : elles permettront de réaliser des joints en creux bien calibrés.

Maçonnage de la base. Montez les parpaings en utilisant, pour les joints, un mortier bâtard ou de ciment. Disposez-les à joints alternés en respectant verticale et horizontale. On construit trois murets parallèles ainsi que le fond. L'ensemble est recouvert d'une plate-forme en béton armé qui doit être moulée dans un coffrage. Cette dalle de béton doit avoir 5 cm d'épaisseur. Les fers doivent être régulièrement espacés, et reposer des deux côtés sur les côtés en parpaings.

Habillage en briques. L'ensemble du barbecue est recouvert de briques décoratives. Seul le foyer (base, fond et côtés) est habillé de briques réfractaires (qu'il faut assembler à l'aide d'un mortier lui aussi réfractaire que vous trouverez prêt à l'emploi dans le commerce). Les autres briques sont assemblées à l'aide d'un mortier bâtard ordinaire. Pour que l'ensemble soit décoratif, il faut réaliser des joints parfaitement réguliers. Utilisez des baguettes de bois de section carrée (1 cm). Ces baguettes sont enlevées au fur et à mesure que l'ouvrage s'élève. Les joints sont ensuite lissés.

Finitions. Vos travaux de maçonnerie terminés, il faudra fabriquer (ou vous procurer) une grille de cuisson, qu'il est plus pratique de sceller dans le mortier de jointoiement au moment du montage des briques formant le foyer. Enfin, on peut aussi améliorer le barbecue d'un tournebroche ainsi que d'une grille verticale.

Maçonner

Les briques creuses

La maçonnerie en briques creuses est, par bien des aspects, plus délicate que celle en briques pleines. Elle permet pourtant de monter les ouvrages plus rapidement, grâce aux plus grandes dimensions des briques. Il existe un certain nombre d'éléments spéciaux (trumeaux, poteaux de jambage) qui viennent s'intégrer à la construction.

Les fondations. Plus légères que les briques pleines, les briques creuses doivent cependant reposer sur des fondations solides : une semelle de béton est nécessaire pour un mur à l'extérieur.

Les appareillages. Les dimensions des briques creuses permettent de n'utiliser qu'un seul élément en largeur. Cela facilite considérablement le travail de pose et conduit à n'employer qu'un appareillage très simple : les joints rompus (alternés d'une rangée sur l'autre). Une brique creuse se place toujours en panneresse (dans le sens de la longueur), et jamais en boutisse (sauf pour réaliser un chaînage d'angle).

La préparation des briques. Eliminez les briques cassées ou fêlées (qui peuvent être réservées pour le remplissage en fin d'ouvrage). Comme tout élément de construction, les briques creuses doivent être propres (il faut les stocker sur des planches et non directement sur le sol). Avant la mise en œuvre, les briques doivent être humidifiées par trempage (surtout par temps sec) afin qu'elles n'absorbent pas l'eau de gâchage. On les laisse ensuite un peu ressuyer.

La pose de la première brique. Etalez une couche de mortier bâtard de quelques centimètres sur la semelle de béton (qu'il est préférable de mouiller). La première brique est posée sur ce lit à bain soufflant. Donnez quelques coups du manche de la truelle pour que la brique prenne son assise.

L'alignement. Utilisez un cordeau tendu entre deux piquets ou attachés à la brique d'angle elle-même (1), il doit en tous cas affleurer l'arête supérieure de cette brique d'angle. Alignez les briques de la première rangée sur le cordeau (3) et assurez-vous de l'horizontalité de chacune d'elle au niveau à bulles ; l'assise de la première rangée est déterminante pour l'ensemble de la construction que vous allez élever par-dessus.

Montage de briques creuses :
1. Déposez le mortier en deux cordons latéraux.
2. Posez les briques et effectuez progressivement les joints verticaux.

Maçonner

1. Pour découper une brique creuse, attaquez-la en périphérie à l'aide d'un disque à tronçonner...
2. ...puis séparez-la sur une arête.
3. Un cordeau tendu permet de donner l'alignement.
4. Pose des briques selon le cordeau.

Montage du mur. Compte tenu de la largeur des briques, il faut doser au mieux la quantité de mortier. On l'applique en général en deux cordons parallèles (2). Lorsque l'on pose les briques, le mortier s'étale de lui-même, offrant une bonne assise.
Les joints entre les briques, remplis de mortier (4), sont de deux centimètres.

Les alvéoles internes d'une brique creuse rend la coupe assez délicate. Les principes sont les mêmes que pour une brique pleine.

Contrôlez que la brique est en bon état : si elle est fêlée, elle se casse selon la fêlure au premier choc. Tracez à la craie le trait de coupe sur les quatre côtés. L'entaille se fait au martelet de briqueteur ou au disque à tronçonner (5). Placez ensuite la brique sur un sol meuble (un petit tas de sable) et frappez d'un coup sec sur l'entaille du tranchant de la truelle à briques. Vous pouvez aussi choquer la brique contre une arête dure.

Maçonner

Pour le montage des briques creuses, il suffit de déposer deux cordons de mortier (ci-dessous) qui assureront la liaison entre les rangées.
Mais pour ce type de construction, on peut aussi utiliser des briques à rupture de joint. Dans ce cas (schéma ci-contre), placez une baguette dans la rainure centrale le temps de déposez le mortier sur les deux faces supérieures.

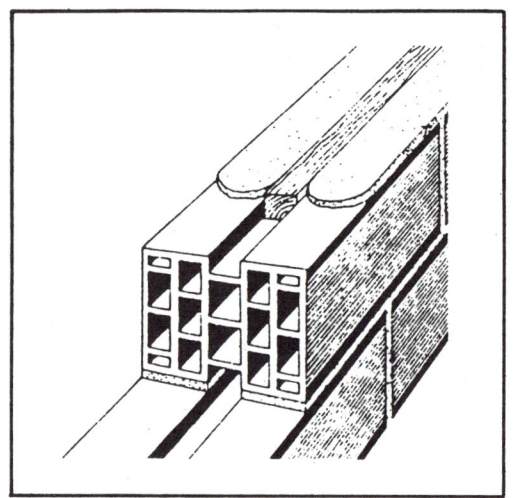

Maçonner

Les parpaings

Le montage d'un mur ou d'une cloison en parpaings ordinaires ne pose pas de problèmes spécifiques. Les blocs pleins ne peuvent être employés que pour les murs porteurs (ils sont trop lourds pour les cloisons intérieures).

Si vous avez moulé vous-mêmes vos parpaings, vérifiez qu'ils sont parfaitement secs avant la mise en œuvre.

Préparation des blocs. Vérifiez que les parpaings sont propres (ne les stockez pas à même la terre, mais sur des planches). Eliminez les blocs fêlés ou cassés. Par temps chaud et sec, mouillez les parpaings avant de les assembler pour qu'ils n'absorbent pas l'eau de gâchage.

Mise en œuvre. L'appareillage des blocs est toujours le même : joints alternés d'une rangée sur l'autre. On effectue donc des coupes à mi-parpaings aux extrémités des murs. Un parpaing se place toujours en panneresse (dans

1 et 2. Coupe d'un parpaing.
3. Pose de la première rangée d'un muret de parpaings.
4. Alignement de deux parpaings le long d'un cordeau tendu.

Maçonner

le sens de la longueur), et jamais en boutisse. Toutefois, quelques blocs doivent être placés en boutisse pour ancrer les murs de refend sur un mur de façade. Il existe des armatures permettant de lier entre eux les parpaings, et donc de consolider la construction. Ces armatures se placent au niveau des joints et assurent des chaînages horizontaux et verticaux.

Lorsqu'on doit bâtir un mur d'enceinte en parpaings, il faut placer une série de poteaux en béton armé (ou de poteaux métalliques) sur lesquels s'appuient les parpaings.

La rangée de base des parpaings est placée sur un lit de mortier bâtard de 5 cm d'épaisseur. Vérifiez l'horizontalité avec un niveau à bulles (le cordeau servant de guide est placé sur des piquets). Pour les rangées suivantes, les parpaings ne peuvent être posés à bain soufflant comme les briques, car ce sont de trop gros blocs. On dépose donc un double cordon de mortier de part et d'autre de la rangée inférieure. Contrôlez la verticalité (6) et l'alignement (7, 8) au fur et à mesure du montage.

5. Suite du montage du mur, à joints rompus.
6. Réglage de l'alignement.
7. Contrôle de la verticalité.
8. Contrôle de l'horizontalité.

Il est préférable d'éviter d'associer parpaings et briques creuses dans une même construction ; ces éléments n'ont pas le même comportement à l'humidité et il se produit des fissures.

Les joints. Les joints horizontaux peuvent être un peu plus épais que pour les briques (de l'ordre de 3 ou 4 cm). Les parpaings étant destinés à être enduits, les joints sont simplement raclés à la truelle. Les joints verticaux sont particuliers puisque les parpaings comportent des rainures à leurs extrémités. Il faut remplir ces joints de mortier avec la truelle.

6

7

Maçonner

Les coupes. On coupe en général les parpaings à la moitié, parfois au tiers. La ligne de coupe est attaquée au martelet de manière à ouvrir une profonde entaille et à laisser apparaître les alvéoles. On peut également couper les parpaings à l'aide de la massette.

Les parpaings de béton cellulaire. Le béton cellulaire est un matériau résultant d'un mélange de sable siliceux, de ciment et de chaux : au moment du gâchage, l'addition d'une poudre d'aluminium provoque un dégagement gazeux qui entraîne la formation d'une multitude de petite cellules.
Les parpaings de béton cellulaire se caractérisent par une étonnante légèreté. C'est un gros avantage au moment de leur mise en œuvre. Ils sont commercialisés sous forme de blocs pour murs (photos ci-contre), de carreaux ou d'éléments de plus grandes dimensions pour toiture, planchers ou linteaux.
Les agrégats qui entrent dans la composition du béton cellulaire sont sélectionnés pour leur légèreté, ainsi que pour leur qualité décorative. On obtient

Pose de parpaings de béton cellulaire :
1. Tracé au sol, au cordeau.
2. Dépose du mortier au sol.
3. Pose de blocs le long d'un cordeau tendu.

1

2

8

3

Maçonner

des constructions qui n'ont pas besoin d'être crépies en façade. Toutefois, ces parpaings accrochent fort bien les crépis extérieurs ou les enduits intérieurs à base de plâtre.

Les blocs de béton cellulaire ont une résistance très proche de celle des parpaings ordinaires au ciment Portland (ou légèrement inférieure) ; ils présentent, en revanche, une étanchéité nettement supérieure ainsi qu'une meilleure résistance au gel et au dégel.

Mise en œuvre. Effectuez un tracé au sol de la base de l'ouvrage à élever (1). Pour monter un mur extérieur, les fon-

4. Dépose de mortier sur la première rangée.
5. Mise en place de la deuxième rangée.
6. Contrôle de l'horizontalité.
7. Contrôle de la verticalité.

dations sont de même type que pour les parpaings ordinaires : une semelle de béton.
Étalez au sol un lit de mortier (2). Placez le premier bloc, en vous aidant du niveau à bulles pour l'horizontalité. Donnez quelques coups du manche de la truelle pour que le parpaing trouve son assise dans le lit de mortier. Le cordeau servant à l'alignement des blocs

Maçonner

8

9

10

11

8. Prise de mesure en vue d'une découpe.
9. Tracé à l'équerre.
10 et 11. Découpe à la scie spéciale et vue en gros plan de la denture de celle-ci.

est fixé sur des piquets, à chaque extrémité de l'ouvrage ; il doit être fortement tendu.
Pour monter les rangées suivantes, étalez à la truelle une couche régulière de mortier sur les parpaings inférieurs (4). L'appareillage de l'ouvrage est simple : les parpaings sont placés à joints rompus.
Là encore, il est essentiel de monter les parpaings d'aplomb. Commencez par donner son assise à chaque bloc : posez dessus un tasseau et donnez quelques coups de massette (ne frappez pas directement au marteau pour ne pas casser le bloc ou alors utilisez un maillet). Vérifiez ensuite l'horizontalité au niveau à bulles (6), puis la verticalité au fil à plomb (7).

Les coupes. La structure interne des blocs de béton cellulaire permet de les couper à l'aide d'une scie spéciale, de type égoïne, à très grosse denture (scie à béton cellulaire). Cet outil permet de réaliser des coupes extrêmement précises, à condition d'avoir tracé, au préalable la ligne de coupe (8 et 9).

Maçonner

Les carreaux de plâtre

La dimension des carreaux (66 x 50 cm) et leur légèreté (qu'ils soient pleins ou alvéolés) permettent de monter rapidement et sans difficulté des cloisons intérieures et des doublages de mur. Avec ce type de matériau la maçonnerie est accessible à tous les amateurs, même sans aucune expérience. Le matériel nécessaire est d'ailleurs très réduit : une auge, une truelle, un couteau à enduire et un Berthelet, une scie égoïne à grosse denture pour les coupes.

La colle. Pour assembler les carreaux, on n'utilise pas du simple plâtre (bien que cela soit possible), mais une colle spéciale préparée à base de plâtre à mouler très fin et de différents adjuvants : agent plastifiant, retardateur de prise, réténteur d'eau, produit anticryptogamique. On obtient ainsi une pâte très plastique, onctueuse et facile à utiliser. Elle se présente en poudre, comme du plâtre et se gâche à l'eau. Respectez les dosages indiqués par le fabricant (environ 3 litres d'eau pour 5 kg de poudre). Le temps d'utilisation est beaucoup plus long que celui du plâtre (1 h 30 environ). Cette colle doit être réservée à l'assemblage des carreaux ; elle ne convient pas au bouchage de trous, ni au bourrage d'interstices supérieurs à 2 cm.

Liaison sol/carreaux. Même si le sol est plat, les carreaux ne doivent pas y être posés directement. On les place d'ordinaire sur un joint constitué d'un tasseau de bois qui donne une parfaite cohésion à la cloison. Cette épaisseur de bois peut être utilisée pour le passage de canalisations d'électricité ou d'eau (conformes aux normes des canalisations encastrées). On cloue alors au sol deux tasseaux parallèles en laissant entre eux une rainure qui servira de logement à la canalisation (5).

Les fabricants de carreaux vendent des joints de sol, profilés, qui constituent une bonne semelle pour les cloisons. Pour éviter des remontées d'humidité, on peut placer une bande d'étanchéité sous le tasseau (feutre bitumé par exemple).

Huisseries et raidisseurs. On trouve des huisseries de porte dont l'épaisseur correspond à celle des carreaux (7 cm en général, ou un peu plus). Lors de la réalisation d'une cloison, on commence par dresser l'huisserie (on l'immobilise avec des étais). Pour que les carreaux soient solidaires de l'huisserie, plantez

1. Matériel nécessaire au montage d'une cloison en carreaux de plâtre.
2. Tracé de l'emplacement de la semelle.

Maçonner

des clous dans le bois (3) ; il seront pris dans la colle lors du montage. Si la cloison dépasse 2,50 m de long mettez en place des raidisseurs constitués de montants de bois. Ils sont rendus solidaires des carreaux au moyen de clous, comme l'huisserie.

Le montage. Effectuez un traçage sol avant la pose du tasseau de sol. colle est appliquée sur le chant du carreau plutôt que sur le tasseau. Le carreau est placé côté rainure au sol. Appuyez dessus pour qu'il prenne son assise et contrôlez l'horizontalité à l'aide du niveau à bulles.
Poursuivez le montage en plaçant les carreaux à joints alternés d'une rangée sur l'autre. Ne mettez pas trop de colle ; elle a pour rôle de faire adhérer les languettes sur les rainures. mais ce n'est pas un mortier.
Le contrôle de verticalité peut se faire au fil à plomb, ou au niveau à bulles. Efforcez-vous de monter la cloison par faitement droite. Pour vous aider, vous pouvez placer deux tasseaux-guides, de chaque côté de la cloison.

3. Bardez l'huisserie de gros clous pour faciliter l'ancrage de la cloison.
4. Mise en place de la semelle.
5. Préparation de la semelle après passage du conduit électrique.
6. Préparation du premier carreau après découpe spéciale.

4

5

3

6

Maçonner

7

8

Les carreaux doivent être bien emboîtés les uns dans les autres, un excès de colle peut faire obstacle. A l'aide d'une cale de bois rainurée (selon le profil de la languette) et d'un marteau, donnez quelques coups pour que l'assemblage soit parfaitement jointif (ne frappez pas directement, vous abîmeriez le carreau). Avec la truelle, raclez l'excédent de colle pour que les joints ne soient pas saillants.

Les coupes. Utilisez une scie égoïne à grosse denture, bien aiguisée. Les carreaux se laissent couper assez facilement. Avant d'attaquer la coupe, tracez précisément et posez le carreau sur une surface stable pour le scier commodément. Les carreaux pleins et les carreaux alvéolés se coupent suivant la même technique.

9

Liaison aux murs et au plafond. Les cloisons de carreaux peuvent être harpées sur les murs latéraux (on ouvre une saignée de chaque côté). Mais ce

7. Pose du premier carreau.
8. Pose des rangées suivantes (à joints rompus).
9. Liaison avec l'huisserie.
10. Contrôle de la planéité.

10

Maçonner

Si la cloison en carreaux de plâtre doit doubler une paroi existante, ne la montez pas directement contre cette dernière. Laissez au contraire un léger intervalle (I) pour permettre la ventilation nécessaire. Des pattes (2) régulièrement disposées (3) maintiennent l'écartement.

n'est pas indispensable. On peut se contenter de bourrer l'interstice avec du plâtre (ne faites pas de coupes de carreau trop petites). Il existe des joints spéciaux pour murs de façade.
Avec le plafond, il faut laisser un interstice de 2 cm environ, que l'on bouche au plâtre.

Finitions. On peut coller du papier peint directement sur les carreaux. On peut même peindre à condition d'avoir bien lissé les joints et poncé. La colle peut être utilisée pour boucher les petits interstices qui restent au niveau des joints.

Doublage de mur. Lorsqu'un mur est en mauvais état, il est plus facile de le doubler de carreaux de plâtre que de refaire un enduit. De plus, ceci permettra d'améliorer l'isolation et de créer un barrage à l'humidité. Laissez quelques centimètres entre le mur et la cloison pour faciliter la circulation de l'air.
En outre, l'épaisseur du plâtre renforce la régulation de l'hygrométrie en absorbant l'humidité. Les alvéoles intérieures apportent une isolation supplémentaire.
Il existe des carreaux de plâtre spéciaux de faible épaisseur (4 cm) pour doublage de mur, le montage est le même que pour une cloison : joints alternés, semelle de base et assemblage rainure-languette assuré à l'aide d'une cale en bois et d'un marteau.
Il est nécessaire de créer une liaison entre le mur et les carreaux pour que le doublage soit solide. On utilise des pattes métalliques que l'on scelle au plâtre sur le mur et que l'on prend dans la colle entre deux carreaux (3).

Maçonner

Les carreaux de briques

Les carreaux de briques se montent de la même manière que les carreaux de plâtre pour le doublage des murs. Ils sont montés sur une semelle constituée d'un tasseau de bois. Si le sol n'est pas droit, posez le tasseau sur un lit de plâtre afin de rétablir l'horizontalité.

La cloison se monte au plâtre (ou à la rigueur avec un mortier bâtard). On peut également utiliser une colle du type de celles conseillées pour les carreaux de plâtre. Si vous préférez le plâtre, il vaut mieux choisir un plâtre à prise retardée. Les carreaux sont pourvus de rainures sur les chants. On utilise de petites cales en bois ou en matière plastique (vendues avec les carreaux) pour assurer une liaison entre les carreaux (2). Au cours du montage, contrôlez en permanence l'horizontalité, la verticalité et l'alignement (4). Comme les briques creuses, les carreaux doivent être recouverts d'un enduit au plâtre.

Montage d'une cloison en carreaux de brique :
1. Pose à joints rompus.
2. Mise en place d'une cale de liaison.
3. Jointoiement au plâtre.
4. Réglage de la planéité.

Maçonner

1

2

3

4

Montage d'une cloison de doublage en briques plâtrières :
1. Garnissage du chant de la brique de mortier.
2. Pose de la première rangée : veillez à l'équerrage, à la planéité et à l'alignement.
3. Les briques étant montées à joints rompus, il faut les couper ; utilisez un martelet.
4. Poursuite du montage.
5. Au fur et à mesure du montage de la cloison, assurez-vous de la planéité à l'aide d'une longue règle.

5

Maçonner

Les plaques de plâtre

En doublage de mur, les plaques à peindre remplacent l'enduit traditionnel de plâtre et permettent d'appliquer directement la finition (sur un support de qualité). En outre, elles peuvent servir à améliorer l'isolation thermique, de la laine de verre étant intercalée entre la plaque et le mur.

Les coupes. Utilisez une scie égoïne pour toutes les coupes de plaques de plâtre (après traçage). Quelle que soit la méthode de pose adoptée, les plaques doivent être coupées en hauteur selon la hauteur plancher/plafond diminuée de 1 cm. Sur mur humide, même s'il y a des remontées d'humidité dans la maçonnerie, les plaques de plâtre peuvent vous donner des fonds parfaitement secs. On peut poser les plaques sur ossatures de bois ou de métal, par vissage, ou directement sur le mur, par collage.

Fixez des montants de bois sur deux traverses fixées en haut et en bas (1). L'écartement des montants doit être de 40 cm. Prenez des repères au sol correspondant aux emplacements des montants.

Isolation. On peut utiliser de la laine de verre en rouleau, des plaques de polystyrène, ou encore des panneaux composites. Si vous optez pour la laine de verre, agrafez les languettes de kraft sur les montants, le pare-vapeur tourné vers vous (2). Une fois la laine de verre en place, il vous reste à dresser les plaques contre l'ossature (3) puis à les fixer sur les montants (4).

Les joints entre les plaques se feront sur les montants, les plaques étant vissées ou clouées (selon le modèle utilisé). Les vis pour plaques sont en général autoperceuses.

Les joints. Les bords des plaques de plâtre sont amincis pour vous permettre de réaliser des joints invisibles. Appliquez l'enduit de collage sur le joint, sur une largeur de 15 cm environ. Plaquez par-dessus une bande spéciale pour joint (5) ou calicot. Recouvrez cette bande d'une couche d'enduit qu'il faut lisser. Laissez sécher 48 h et appliquez ensuite l'enduit de finition fourni par le fabricant (tout comme l'enduit de collage). Lissez soigneusement ; appliquez une seconde couche après séchage. Les têtes de vis ou de pointes sont recouvertes d'enduit de la même façon. Poncez pour rendre la surface parfaitement unie.

Le travail se termine par la pose de plinthe dans la pièce.

1. Fixation d'un châssis de tasseaux.
2. Agrafage de la laine de verre.

Maçonner

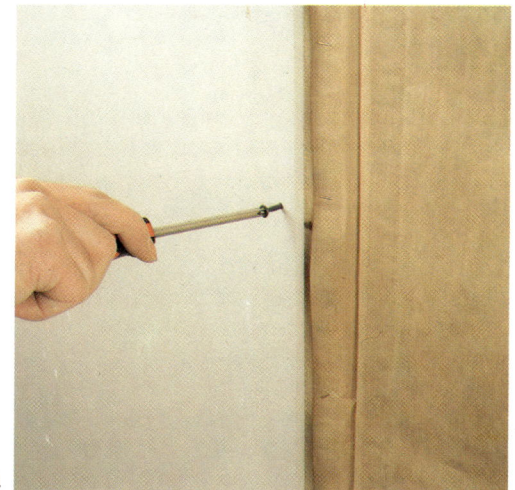

Il existe également une ossature métallique du type de celle utilisée pour les cloisons en plaques de plâtre. Cette ossature (fourrure) se fixe comme les tasseaux de bois.

Si le mur est très humide, les tasseaux de bois doivent être traités préalablement avec un produit protecteur (fongicide).

Sur un mur sain, une ossature de tasseaux permet de rectifier éventuellement les défauts de verticalité, mais on peut aussi coller directement les plaques sur la paroi. La colle spéciale est un plâtre adhésif qui se gâche avec de l'eau. On applique la colle soit par plots de 4 cm d'épaisseur, soit par cordons formant un quadrillage au revers de la plaque (5). Placez des cales au bas de la plaque et posez-la en butée contre le plafond. Donnez des chocs légers avec une longue règle pour que la plaque prenne son assise. Contrôlez la verticalité à l'aide d'un fil à plomb ou d'un niveau.

3. Présentation d'une plaque de plâtre.
4. Fixation de la plaque par vissage sur les montants de bois.
5. La pose des plaques peut aussi se faire par collage.
6. Une fois les plaques posées, il faut les jointoyer à l'aide d'un calicot spécial.

Maçonner

Cloison en plaques de plâtre alvéolées

Grâce à ce type de plaques, il est possible de monter rapidement une cloison afin de constituer, comme ici, une pièce supplémentaire.

Les plaques sont ancrées sur des tasseaux-guides, fixés au préalable aux murs et au plafond (1). Au sol elles sont calées sur un tasseau qui sert en même temps de rail lors de la mise en place. Afin de glisser les plaques sur ces rails, il vous faudra probablement abattre quelques unes des alvéoles intérieures (ce qui n'est pas dommageable).

La liaison des plaques de plâtre entre elles se fait par l'intermédiaire de tasseaux insérés en haut et à mi-hauteur et maintenus en place par vissage, de l'extérieur des plaques (2 et 3). Là encore, il faudra faire sauter quelques-unes des alvéoles.

Incorporation d'une huisserie. Si vous désirez créer une pièce supplémentaire, il faudra prévoir l'emplacement d'une porte. Ce type de plaques peut recevoir en complément une huisserie métallique qu'il est facile d'incorporer au montage. Vous aurez quelques découpes à exécuter, pour lesquelles il faudra vous servir d'une scie égoïne.

Maçonner

Prévoyez aussi le passage des câbles électriques, qui pourront cheminer dans le réseau intérieur des plaques (pas d'encastrement). A l'emplacement des appareils (prises ou interrupteurs) percez à l'aide d'une scie trépan (montée en adaptation de perceuse), de préférence avant la mise en place de la plaque concernée (5).

1. Mise en place de la première plaque.
2. Fixation d'un tasseau de liaison.
3. Mise en place des plaques suivantes.
4. Habillage du dessus d'une huisserie.
5. Poursuite de la pose.

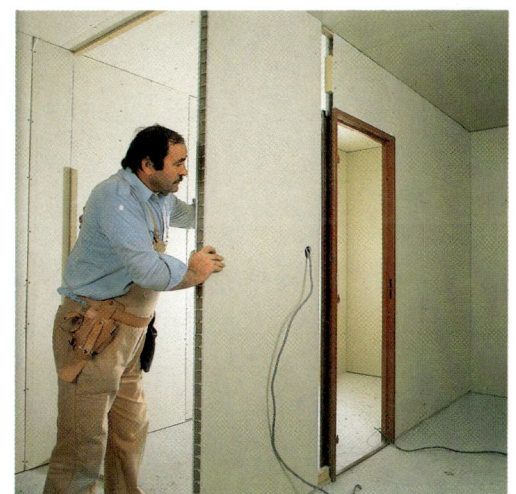

Maçonner

Plaques de plâtre sous toiture

La mise en place de plaques de plâtre sous toiture n'a pas seulement pour but d'habiller le chevronnage. En effet, pour que la pièce soit confortable, il faudra aussi en assurer l'isolation, les pertes thermiques étant à ce niveau de la maison très importantes. L'exemple pris ci-dessous permet de voir l'association qu'il est possible de réaliser entre plaques de laine de verre et plaques composites (laine de verre doublée d'une plaque de plâtre en parement). L'isolation obtenue sera très efficace.

Il faut employer ici des panneaux de laine de verre semi-rigides nus, c'est-à-dire sans pare-vapeur, ce dernier étant intégré à la plaque composite. Mettez les panneaux en place entre les chevrons, après les avoir découpés aux dimensions (un couteau de cuisine bien aiguisé suffit).

1. Pose de laine de verre entre les chevrons.
2. Prise de mesure en vue de la découpe des plaques de plâtre.
3. Fixation d'une plaque composite (plâtre plus laine de verre) par vissage sur chevrons.
4. Jointoiement des plaques entre elles.

1

3

2

4

Maçonner

La pose des panneaux composites se fait elle aussi de manière assez simple ; néanmoins, peut-être aurez-vous besoin de vous faire aider pour les sections les plus importantes. La seule difficulté que vous pourrez rencontrer sera la coupe d'onglet qu'il faut effectuer pour assurer la jonction entre les plaques posées directement sous la toiture et celles placées verticalement. Pour les découpes, utilisez une scie égoïne.

La fixation des panneaux se fait par vissage dans le solivage. On emploie de longues vis à tête fraisée fournies par le fabricant. Attention, la dimension des panneaux, et en conséquence leur découpe, doit être calculée de telle manière que la jonction entre eux se fasse sur l'axe d'un chevron (3).

Pour être totalement invisible, la liaison entre deux panneaux est recouverte d'un calicot "noyé" dans un enduit. Cependant, afin que l'application d'enduit et de calicot ne fasse pas de surépaisseur, le bord des panneaux en contact est légèrement aminci. Pour calicot, on emploie une bande spéciale pour joint ; on peut néanmoins utiliser tout simplement du calicot dont on se sert traditionnellement pour le rebouchage des fissures.

Plaques de plâtre sous rampants.
Dans certains cas, en particulier quand il n'est pas possible d'utiliser l'espace trop étroit compris entre le bas des plafonds en pente et le sol, vous disposerez des plaques verticalement (photos ci-contre). Pour cet exemple, nous avons utilisé des panneaux composites (plaques de plâtre et polystyrène) découpés aux dimensions et dressés contre des tasseaux fixés au sol et au plafond.

1.

2.

1. Définition de l'emplacement, au sol, du tasseau de fixation de la plaque de plâtre. On utilise pour cela un fil à plomb.
2. La pose du tasseau se fait ensuite par simple clouage.
3. Une fois la plaque de plâtre découpée aux dimensions nécessaires, elle est mise en place, dressée contre le tasseau supérieur et celui fixée au sol. Par la suite, elle sera vissée contre ces deux tasseaux.

3.

Maçonner

Couler le béton

Pour réaliser un linteau, une marche, une dalle ou un appui de fenêtre, tous ouvrages de béton, il vous faudra, dans un premier temps, préparer l'armature, puis établir le coffrage et enfin couler le béton.

Ferrailler le béton. Pour ferrailler le béton, vous utiliserez des barres de fer torsadé ; pour être plus précis, ces barres sont entourées d'un fil de fer tréfilé, ceci afin de ne pas glisser dans le béton. Toujours pour cette dernière raison, les fers à béton sont recourbés à leurs extrémités, permettant ainsi un meilleur ancrage.

Afin de recourber ces barres, dont le diamètre peut varier de 6 à 12 mm selon la résistance nécessaire à l'ouvrage envisagé, procurez-vous un madrier dans lequel seront enfoncés des goujons qui permettront de maintenir les barres pendant le pliage. Percez aux emplacements nécessaires (1) puis enfoncez les goujons à l'aide d'une massette (2), de sorte à constituer le réseau dans lequel chaque barre va être insérée.

Placez la barre de fer entre les goujons et pliez son extrémité à l'aide d'une griffe à cintrer (3) : le crochet ainsi formé à chaque bout assurera l'ancrage dans le béton. Comme vous pouvez le déduire de la forme ici donnée à l'armature, celle-ci est destinée au ferraillage d'un linteau. Aussi, préparez quatre fers de la même façon puis reliez-les à l'aide d'éléments intermédiaires pliés en carrés (4). Effectuez les ligatures à l'aide de fil de fer noir recuit. Coupez au ras de l'armature : aucun fil de fer ne devra toucher le coffrage au moment du coulage du béton, l'armature étant alors soutenue à l'aide de tiges ou de fils de fer (voir schéma).

Bien entendu, l'armature doit être adaptée à l'ouvrage à réaliser. Par exemple, l'armature d'une dalle est obtenue en formant une sorte de quadrillage par croisement des fers (la liaison, avec du fil de fer recuit, se fait aux points de jonction). L'armature peut aussi entraîner la liaison de deux fers dans la longueur : dans ce cas, les deux fers doivent être en contact sur une longueur qui ne doit pas être inférieure à quarante fois leur diamètre (pour un diamètre de 8 mm, longueur de liaison : 32 cm).

1. **Perçage du madrier.**
2. **Implantation des goujons.**
3. **Pliage du fer à béton à l'aide d'une pince à cintrer.**
4. **Formation des cadres de liaison.**
5. **Serrage des ligatures.**
6. **Coupe du fil de fer excédentaire.**

Maçonner

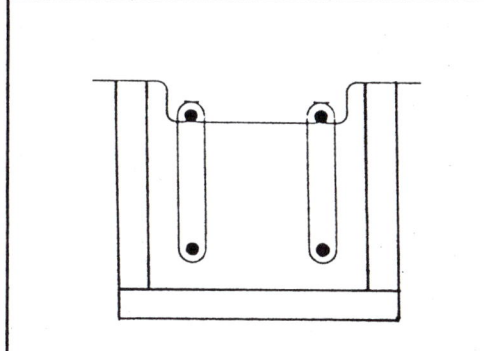

Attention : les fers ne doivent jamais être en contact avec le bois du coffrage.

Le coffrage. Il permet de mouler l'ouvrage et doit être fait, pour cela, du bois de bonne qualité et résistant (27 mm d'épaisseur). Vous trouverez dans le commerce des éléments spécialement prévus. La fabrication du coffrage est simple : elle implique des découpes (scie égoïne ou électroportative), le rabotage minutieux des faces intérieures et l'assemblage des côtés. Etendez sur l'intérieur du coffrage un peu d'huile de vidange : cela facilitera le décoffrage.

Mettez ensuite le coffrage en place et maintenez-le avec des chevillettes (serre-joints de maçon) ou à l'aide d'étais s'il s'agit de coffrer un pilier ou

3

4

5

6

Maçonner

un mur. Notez aussi qu'il est parfois possible de louer des moules comme par exemple celui que vous voyez sur les photos ci-dessous (coulage d'un appui de fenêtre). Cependant, pour une seule fenêtre, cette solution revient assez cher.
Une fois le coffrage en place, préparez le béton et déversez-le. Frappez à l'aide d'une massette sur les côtés du coffrage pour que le matériau occupe bien la totalité du volume.
Rappel : pour un linteau, par m^3 de béton : prévoyez 400 kg de ciment, 0,460 m^3 de sable sec et 0,780 m^3 de graviers.

1. Pour la fabrication d'un linteau, les planches du coffrage sont maintenues contre la maçonnerie à l'aide de serre-joints de maçon. Ici, coulage du béton.
2. Linteau après décoffrage.

Utilisation d'un moule métallique pour réaliser un appui de fenêtre :
1. Une fois le béton coulé dans le moule égalisation de sa surface.
2. Lissage à la taloche ; il ne faut oublier de donner une légère pente à l'appui, pour l'évacuation des eaux de pluie.

Maçonner

Autre exemple d'application. Construction d'une marche. Le coffrage est ici extrêmement simple puisqu'il s'agit d'une planche fixée contre le mur, à l'emplacement où la marche doit être coulée (1). Le coffrage en place, déversez le béton : la planche fait en quelque sorte office de barrage (2). Par ailleurs, notez qu'il n'est pas nécessaire de ferrailler le béton. Tirez ce dernier à la règle (pièce de bois bien rabotée) et veillez à ce que la surface de la marche soit bien horizontale (3). Egalisez si besoin, puis lissez à la taloche (4).
En regardant attentivement les photos ci-contre, vous aurez probablement remarqué que la planche qui constitue le coffrage n'est pas située, dans sa partie inférieure, au ras du sol : ceci s'explique par le fait qu'une semelle a été auparavant coulée.
Avant la prise totale du béton, il faudra exécuter une rainure le long de l'arête supérieure à l'aide d'un fer à joints (5). Lissez les bords de cette arête à l'aide de la truelle.

Réalisation d'une marche :
1. **Fixation de la planche de coffrage.**
2. **Coulage du béton.**
3. **Égalisation et contrôle de l'horizontalité.**
4. **Lissage à la taloche.**

Maçonner

5. **Formation du nez-de-marche**
6. **Finitions.**

Laissez prendre le béton. Au bout de 48 heures vous pourrez décoffrer. La planche retirée laissera apparaître certaines inégalités que vous rattraperez avec un peu de béton. Egalisez puis lissez les raccords que vous venez d'effectuer. Finissez le lissage à l'aide d'une éponge humide.

Rappel : pour ce travail, le béton utilisé doit être composé de 350 kg de ciment, 0,750 m^3 de graviers, 0,510 m^3 de sable.

Coulage d'une plate-forme suspendue. Ce travail entre ici dans la construction d'un barbecue, dont la plate-forme, qui recevra elle-même le foyer ainsi qu'un plan de travail, est établie sur trois murets de parpaings comme vous pouvez le voir sur les photos page ci-contre.

Commencez par mettre les planches qui constituent le coffrage en place, en périphérie. Elles dépassent le haut des parpaings pour former l'épaisseur souhaitée pour la plate-forme.

Le fond du coffrage affleure le haut des murets de parpaings ; entre les murets il faut disposer des planches qui doivent être elles-mêmes soutenues par des étais. L'ensemble doit être parfaitement stable afin de supporter convenablement le poids relativement lourd du béton.

Vu sa forme, et parce qu'elle est en partie suspendue, la plate-forme doit être armée. Disposez les fers dans le sens de la longueur. Si vous devez faire des liaisons entre deux fers dans la longueur, reportez-vous au principe illustré par le schéma. N'oubliez pas que les fers ne doivent pas toucher le fond du coffrage. Préparez le béton et déversez à l'intérieur du coffrage (2). Attention, les transports en brouette risquent d'accélérer la prise ; autant que possible, préparez le béton à proximité du lieu de construction. Une fois le béton déversé dans le coffrage, égalisez sa surface à l'aide d'une longue règle (3), plus grande que la largeur de la plate-forme de sorte qu'elle puisse glisser sur les bords du coffrage, qui servent alors de guides. Au chant bien raboté, cette règle permet en même temps de lisser la surface. Pour le lissage, vous pourrez, par la suite, vous servir d'une taloche, mais le résultat n'a pas besoin d'être parfait : la plate-forme en effet sera ensuite recouverte de briques. Laissez sécher à l'air libre sauf s'il risque de pleuvoir. Dans ce cas, recouvrez votre ouvrage d'une bâche en plastique. Une fois le béton sec, démontez le coffrage et passez à l'étape suivante.

Rappel : n'entreprenez pas de couler du béton s'il risque de geler. L'action du gel pourrait en effet faire éclater ou fissurer la construction.

Maçonner

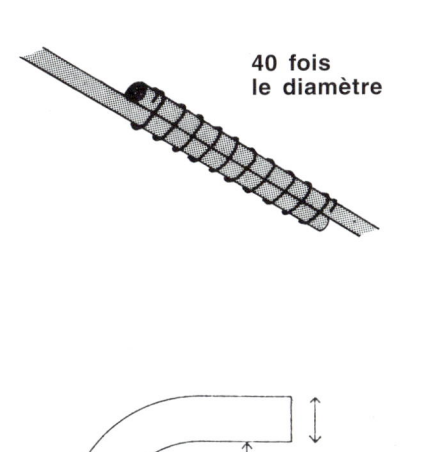

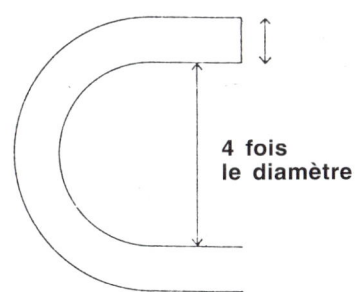

40 fois le diamètre

4 fois le diamètre

Formation d'une plate-forme lors de la construction d'un barbecue :
1. Mise en place des fers à béton dans le coffrage (les planches horizontales sont soutenues par des étais).
2. Le béton est déversé, selon l'épaisseur souhaitée.
3. Égalisation de la surface à l'aide d'une règle qui glisse sur les planches latérales du coffrage.

Si deux fers doivent être liés dans le prolongement, les parties en contact devront être égales à quarante fois le diamètre du fer. Soignez particulièrement le ligaturage.
Si l'extrémité d'un fer doit être recourbée, l'écartement ne doit pas être supérieur à quatre fois le diamètre du fer.

Maçonner

Couler une dalle. C'est un travail relativement important qui demande de la précision et de l'organisation. De plus, dans une pièce humide (salle de bains, cuisine), les canalisations étant enterrées sous la dalle, il faut porter un grand soin à l'étanchéité des raccords de plomberie et s'en assurer ; une fuite peut avoir les conséquences que l'on imagine, une fois la dalle coulée...

Dans une pièce, la dalle doit être parfaitement horizontale ; à l'extérieur, dans une cour par exemple, il peut être nécessaire de lui donner une légère pente afin de permettre l'évacuation des eaux de pluie.

Noyez les canalisations (électricité et plomberie) sous un hérisson de pierres si la pièce est au rez-de-chaussée, ceci pour prémunir le sol de montées d'humidité. Ces préparatifs terminés, établissez un premier repère bien horizontal. A partir de ce point vous pourrez tracer, sur les autres murs, à l'aide d'un niveau à fioles, une série d'autres points. Ensuite, une pige sur laquelle seront matérialisés les différents niveaux du sol (dalle, chape, revêtement par exemple, voir schéma) servira à reporter de façon très précise la surface de la dalle au pied des quatre murs de la pièce. A ces emplacements, fixez une série de cales sur des plots de bétons. Vérifiez leur horizontalité au fur et à mesure.

Ces cales servent de guides de réglage de l'épaisseur de la dalle.

Déversez ensuite le béton sur le sol ; étalez-le avec un râteau et tassez-le fermement avec une dame. Employez une règle (une latte au chant bien raboté) pour bien étaler le béton. Faites glisser la règle sur les cales ou mieux, sur des règles guides qui auront été disposées. Vérifiez progressivement l'horizontalité. Finissez le lissage à la taloche. Procédez par petites surfaces à chaque fois et bien entendu, commencez par le mur du fond pour aller à reculons vers la porte.

Avant la prise totale du béton, retirez les cales et les règles guides et comblez les trous laissés.

1. Mise en place des cales d'épaisseur et contrôle de leur horizontalité.
2. Repérage à l'aide d'un niveau à fioles.
3. Contrôle en cours de travail.
4. Émergence des conduits électriques.
5. Réglage et contrôle.
6. Lissage.

Schéma (en bas) : repérage à l'aide d'une pige de hauteur.
Ci-dessous : utilisation d'un niveau à fioles.

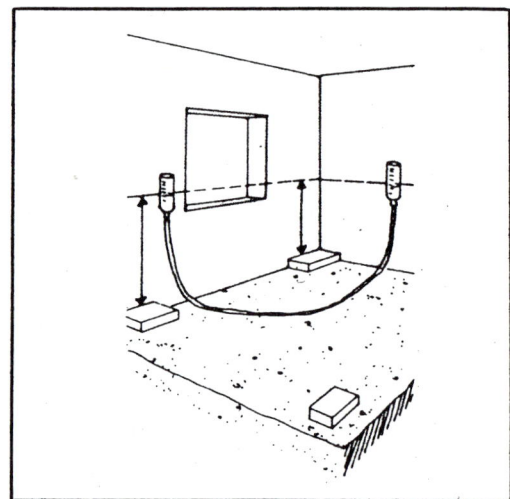

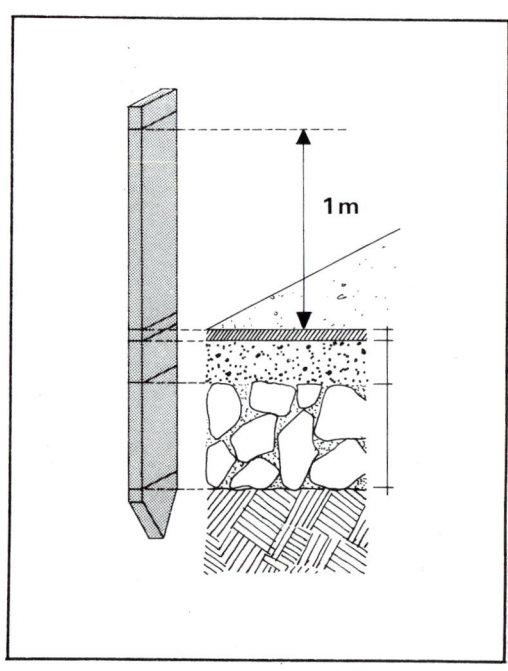

Maçonner

Maçonner

1. Mise en place d'un poteau.
2. Incorporation des fers dans le béton devant constituer la longrine.
3. Assise des fers dans le béton.
4. Égalisation de la surface.
5. Remplissage des trous de scellement.
6. Passage du fer à joint.
7. Pendant tout ce travail, l'ensemble portail-poteau aura été maintenu fermement solidaire. Les fixations seront défaites seulement après séchage complet du béton.

Maçonner

Une assise de portail

Ce travail comporte l'installation des deux poteaux latéraux, dans un premier temps. Dans le cas présent, les poteaux étant en bois, il suffit de les sceller solidement dans le sol. Si vous les fabriquiez vous-même, en béton, reportez-vous au principe selon lequel il faut les ferrailler (schéma ci-contre, en bas).

Avec le scellement des poteaux, il faut envisager la réalisation d'une bande de jonction maçonnée et ferraillée, appelée "longrine" par les professionnels.

Scellement des poteaux. Il est indispensable que les poteaux soient solidement et bien verticalement ancrés dans le sol. Creusez sur 50 cm de profondeur environ, et calez la base des poteaux avec de la caillasse, qui fera également office de drain, ce qui est particulièrement important lorsqu'il s'agit de montants en bois. Vous aurez bien entendu traité préalablement ces derniers à l'aide de produits fongicides. Il reste ensuite à couler le béton dans les trous.

Réalisation de la longrine. Une longrine est une sorte de poutre, ici posée sur le sol. On en trouve de toutes prêtes chez un certain nombre de fabricants. Cependant, vu les dimensions particulières de la réalisation présente, il faut la réaliser soi-même.

Elle joue le rôle de fondation et de zone de passage particulièrement sollicitée. Pour ces raisons, cet élément doit être ferraillé car il sera soumis à des efforts de traction parfois importants et ponctuels (lors du passage d'un véhicule par exemple).

La longrine et les scellements effectués, maintenez l'ensemble du portail fermement pendant le temps de séchage.

Schéma : vue en coupe de la base d'un poteau en béton et de son ferraillage interne.

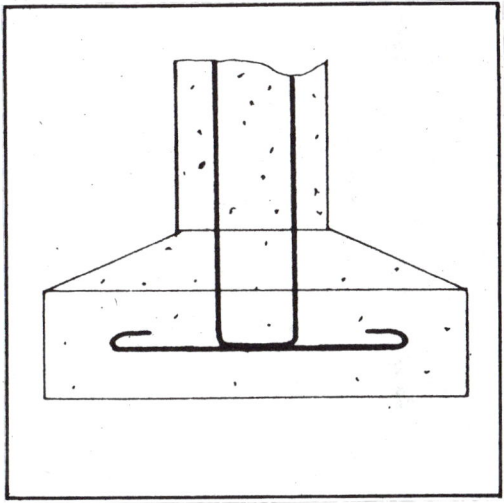

Fixer

FIXER

On distingue quatre façons principales
de fixer un objet contre une paroi : sceller,
visser, clouer et coller. Encore faut-il choisir
la méthode selon la nature du support
et le poids (et le volume) de l'objet à suspendre.

Parmi les modes de fixation, le clouage est surtout employé si le support est en bois ; car, bien que l'on trouve des pointes pour maçonnerie, on préfère, dans ce cas, le plus souvent le vissage. Quant au collage, même si les produits disponibles désormais sont particulièrement performants, on réserve encore cette technique pour la fixation d'objets au poids relativement faible.

Sceller

On réservera le scellement pour les matériaux les plus friables ou pour ceux n'offrant pas de prise suffisante. C'est le cas du plâtre, des parpaings, des briques, etc.
Sceller consiste à solidariser un accessoire de suspension (ou un élément intermédiaire) à la maçonnerie. C'est pourquoi le produit de scellement doit être adapté : du plâtre pour les carreaux ou les plaques faits du même matériau, ainsi que pour les briques ; du mortier pour les parpaings.
Si c'est un élément intermédiaire qui a été scellé (cale de bois), il suffira ensuite de visser, de clouer ou de coller dessus.

Visser

Il s'agit de la méthode de fixation la plus répandue. Il faut alors insérer dans tout matériau de maçonnerie une cheville qui, dotée d'un pas de vis, constitue le logement de la vis. Certains accessoires comportent un ensemble vis-cheville solidaire.

Perçage. La mise en place d'une cheville se fait dans un trou au diamètre adapté, que l'on réalise soit à l'aide d'une chignole, soit avec une perceuse (le travail est alors beaucoup plus facile), qui doit absolument faire partie de votre panoplie de base.

Choix des chevilles. Bien entendu, la cheville est choisie selon le diamètre du trou. Mais il faut aussi considérer : le poids de l'objet, la nature du support et l'emplacement où doit se faire la fixation. Sur ce dernier point : au plafond, l'effort se fera dans le sens de l'arrachement, ce qui implique l'emploi de chevilles à expansion (pour les matériaux pleins) ou des chevilles à ressort ou à bascule.
Dans les parois pleines, vous ne rencontrerez pas de problèmes particuliers à condition d'employer des chevilles à expansion en métal ou en caoutchouc pour les objets lourds.
Dans les cloisons creuses en revanche la difficulté consiste à faire tenir la cheville, en raison précisément de l'absence de matière. C'est pourquoi il faut ici utiliser des chevilles dont le système vient se bloquer derrière la paroi lors du vissage. Il s'agit de chevilles à ailettes, à ressort ou à bascule.

Fixer

Sceller au mortier

Il faut choisir le scellement au mortier si le poids de l'objet à suspendre est important ou s'il s'agit, comme ici, de parpaings, dans lesquels le plâtre n'a pas grand pouvoir d'accrochage.

Le principe en est simple : il s'agit d'ouvrir un logement à l'emplacement désiré, d'y intégrer la patte qui servira à la suspension puis de refermer le tout à l'aide de mortier. Pour cela, vous procéderez de la manière suivante.

Préparation de la patte. Ne prenez pas une patte trop longue afin que la flèche ne soit pas trop importante. L'élément doit être scellé sur le tiers de sa longueur environ. Ouvrez l'une de ses extrémités (celle qui sera scellée) à l'aide d'une scie à métaux de façon à lui donner la forme fourchue qui lui permettra d'accrocher dans le matériau.

Préparation du logement. Déterminez l'emplacement du trou, puis, à l'aide d'un burin et d'une massette, ouvrez-le. Donnez lui 10 cm de côté environ. Dépoussiérez puis mouillez le trou afin que le parpaing n'absorbe pas l'eau de gâchage du mortier au moment du scellement.

Scellement. Commencez par préparer le mortier à raison d'une part de ciment pour deux parts et demi de sable. Appliquez en sur quelques centimètres d'épaisseur à la base du trou (1), puis mettez la patte en place. Calez cette dernière à l'aide de quelques pierres, qui vous permettront aussi de combler le trou. Attention : n'utilisez surtout pas, pour cela, de gravats de plâtre. Finissez de fermer le trou à l'aide de mortier.

Pendant le temps de scellement, la patte doit être soutenue à l'aide de cales que vous aurez disposées en dessous, comme vous pouvez le voir sur la photo. Ce dispositif de calage est lui-même maintenu contre le mur par une chevillette de maçon.

Appuyez bien du bout de la langue-de-chat pour que le mortier soit bien bourré dans le trou. Enfin, lissez à la taloche pour que la surface du mortier affleure celle de la maçonnerie. Attendez une huitaine de jours avant de vous servir de la patte de suspension ; avant, le scellement risque de ne pas résister au poids de l'objet.

1. Déposez un peu de mortier à la base de l'ouverture qui a été pratiquée à l'emplacement où le scellement doit être effectué.

2. Mettez la patte métallique qui doit être scellée en place et finissez de reboucher le trou de mortier.

Fixer

Sceller au plâtre

Choisissez les scellements au plâtre pour les objets peu lourds. Le plâtre accroche bien dans la pierre ou dans la brique et bien entendu dans les plaques ou les carreaux faits du même matériau. On a souvent besoin de sceller au plâtre une cale ou un taquet lorsque le support n'est pas assez ferme pour recevoir directement des vis. Ainsi, lorsque la cale est scellée dans le mur, on peut fixer sur elle les vis, clous ou les crochets qu'il faut.

La manière de procéder est assez simple. Découpez une cale de bois dont les dimensions seront légèrement inférieures à celles de la cavité que vous aurez ouverte dans le mur. Lardez la cale de clous, ceci afin de favoriser l'accrochage dans le plâtre.

Préparez le plâtre et mettez-en au fond du trou que vous aurez mouillé préalablement. Installez la cale et finissez de bourrer le trou de plâtre. Pendant la prise, le plâtre augmente de volume et occupe ainsi tous les interstices : le scellement n'en est alors que meilleur. Après séchage, vous pourrez fixer dans la cale l'accessoire de suspension. Attendez encore quelques jours avant de suspendre l'objet. Un tel scellement est suffisamment solide pour supporter des charges tel qu'un vélo, par exemple.

> Pour les scellements, gâcher le plâtre assez serré : 1 volume d'eau pour près de 3 volumes de plâtre.

1. Scellement dans un carreau de plâtre : du plâtre suffit.
2. Scellement dans un mur de briques : ouvrez un trou et mouillez abondamment la maçonnerie.
3. Découpez un morceau de bois aux dimensions légèrement inférieures à celles de l'ouverture de scellement. Bardez-la de clous.

1

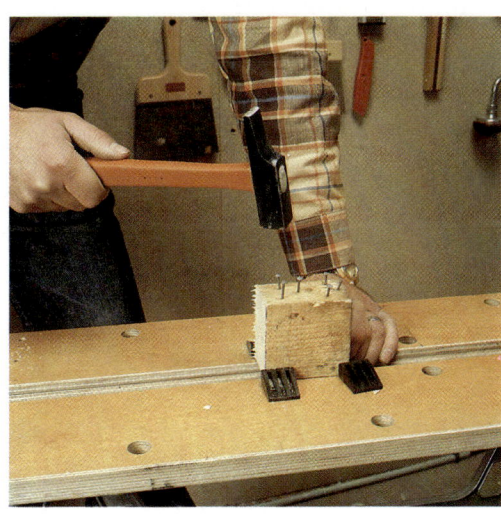

2

3

Fixer

1. Déposez un peu de plâtre au fond du trou.
2. Mettez en place la cale de bois bardée de pointes, elle accrochera mieux dans la maçonnerie.
3. Finissez de bourrer de plâtre.
4. Après séchage, vissez l'élément de suspension dans le bois.
5. Le scellement est assez solide pour supporter le poids d'un vélo, par exemple.

Page ci-contre : quelques accessoires de fixation pour corps creux.

Cheviller dans les corps creux

S'il est facile de percer dans les corps creux (plaques de plâtre, briques, hourdis, etc.), il est en revanche plus délicat pour des objets d'un poids relativement important. Chaque néophyte a dû sans doute faire la douloureuse expérience de devoir reprendre tout à zéro en constatant, par exemple, que la tringle à rideaux fixée la semaine dernière ne tenait plus...

Il existe pourtant une gamme d'accessoires de fixation spécialement étudiés pour vous faciliter la vie. Ces chevilles et crochets reposent tous sensiblement sur le même principe : tandis que l'on visse, remonte sur le pas de vis et s'écrase ou se développe derrière le corps creux, la cheville, les ailettes ou le ressort, selon les systèmes. A la différence des procédés classiques, constitués d'une cheville mise en place après perçage et recevant ensuite la vis ou le crochet, ces accessoires spéciaux forment un même ensemble.

Choisissez celui qui convient en fonction du poids de l'objet à suspendre. Vous trouverez des pitons à bascule, des pitons à ressort, des chevilles métalliques ou en caoutchouc à expansion, des chevilles à ressort, des crochets à expansion, etc. Ils ont chacun leurs spécificités et leur emploi est généralement bien indiqué.

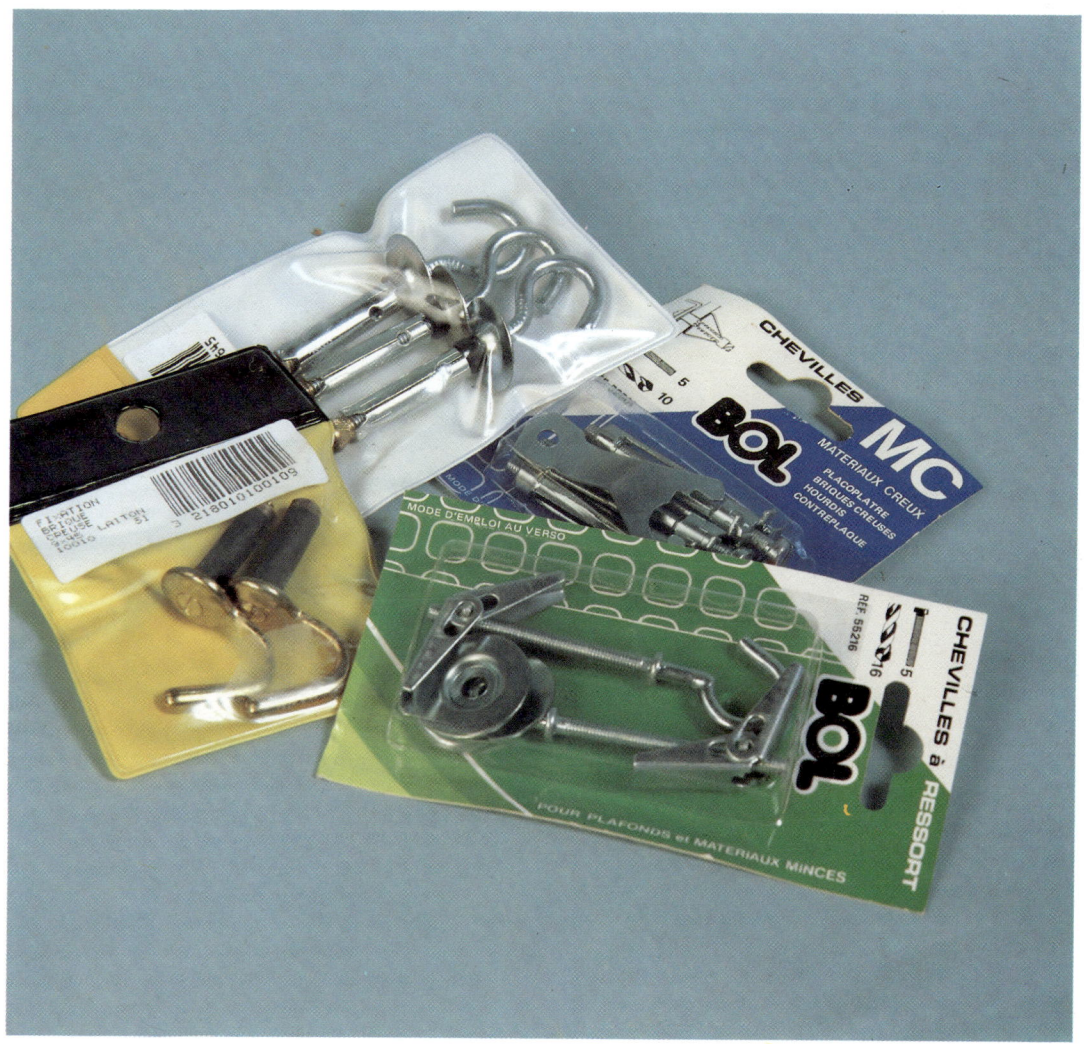

Fixer

La mise en place. Il est simple et rapide de fixer l'accessoire dans le support. Après avoir repéré l'emplacement du trou à percer, pratiquez-le à l'aide d'une perceuse, de préférence (1). Utilisez une mèche correspondant au diamètre de la cheville, plus grand parfois (les indications nécessaires sont le plus souvent fournies sur l'emballage). En perçant, tenez la machine bien verticalement par rapport au mur.
Si vous devez fixer une étagère de soutien pour poser une étagère par exemple, tracez tout d'abord un axe vertical (servez-vous pour cela d'un fil à plomb et d'un cordeau) et repérez, sur cet axe les trous à percer en positionnant provisoirement l'équerre.
Après perçage, introduisez l'accessoire de fixation dans le trou (2). Certains modèles demandent l'utilisation d'une clé spéciale, fournie par le fabricant (3).
Les ailettes sont repliées le long du filetage pour pouvoir passer par le trou. Il vous reste alors à visser. Pendant cette opération, les ailettes se relèvent derrière le support, bloquant l'ensemble (4).
S'il s'agit d'une cheville en caoutchouc elle remonte sur le filetage lorsque vous vissez, ce qui forme un bourrelet qui bloque la vis ou le crochet (5).

1. Perçage.
2. Présentation de la cheville
3. Introduction dans la cloison à l'aide de la clé spéciale.
4. Vue de l'autre côté de la cloison.

1

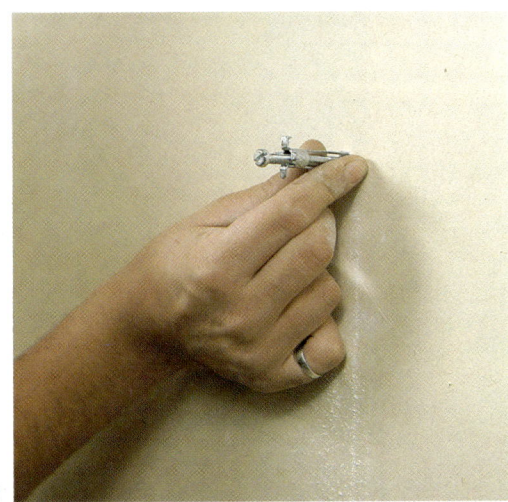
2

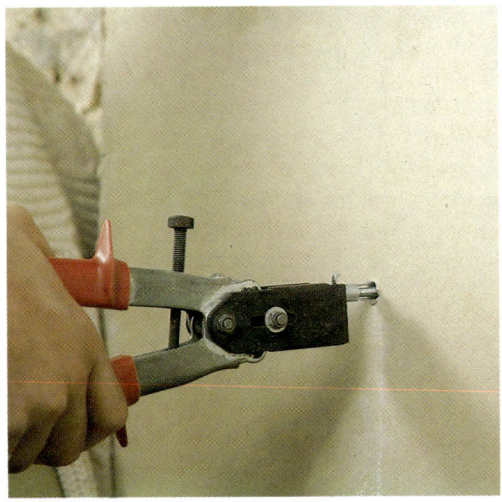
3

4

Fixer

Autre système : les ailettes de la cheville s'écartent derrière la paroi (6) pendant le vissage, ce qui les bloque. Ce genre de cheville est surtout utilisé pour les suspensions dans un plafond en plaque de plâtre. Pour ce dernier cas, on peut aussi employer des pitons à bascule. Cet accessoire comporte un bras qui est en position verticale pour passer par le trou de fixation mais qui se place en position horizontale derrière la paroi lors du vissage. Retenez-le pour la suspension d'objet d'un poids relativement important : un lustre, par exemple.

Le bon diamètre

Théoriquement, le diamètre de la mèche doit correspondre à celui de la cheville. Mais si vous percez dans un matériau friable, comme la plaque de plâtre, faites un trou au diamètre légèrement inférieur (1 mm environ) à celui de la cheville.

Cheville	Mèche	Vis
(diamètres en mm)		
4	4	2-3
5	5	2,5-4
6	6	3,5-5
8	8	4,5-6
10	10	6-8
12	12	8-10
14	14	10-12

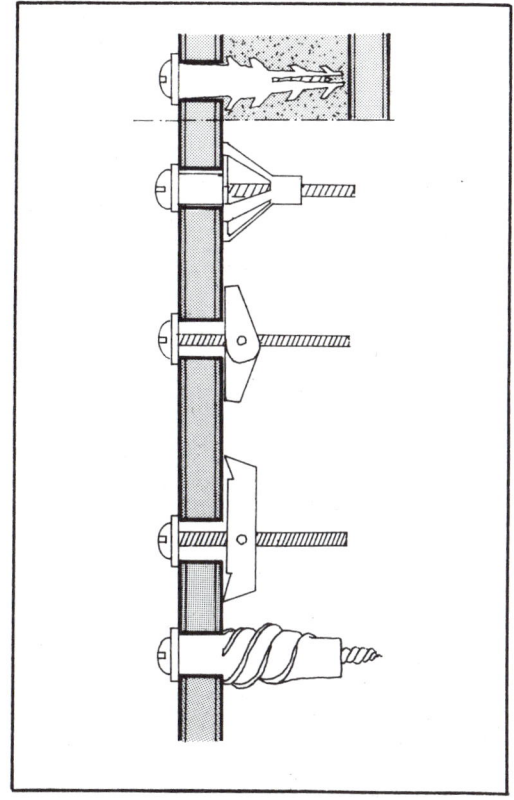

Ci-dessus, vue en coupe de quelques modes de fixation.
5. Crochet avec cheville à expansion dans une brique creuse.
6. Vue de derrière la paroi du système d'une cheville à ailettes.

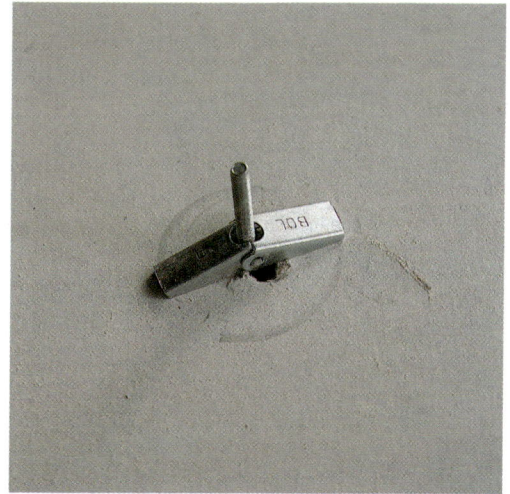

Entretenir, réparer

ENTRETENIR, RÉPARER

La maçonnerie est faite de matériaux
qui s'usent sous l'action conjuguée
des intempéries, du temps et du "travail"
de la construction elle-même.
Une attention permanente et un entretien
régulier vous éviteront bien des tracas…
que vous ne pourrez pas contourner
si vous envisagez des travaux de rénovation

Une maison laissée à l'abandon quelque temps et c'est inévitablement : des plafonds à refaire, des cloisons intérieures à restaurer, des murs à redresser ou à rejointoyer, des sols à reprendre, des solins et des souches de cheminées à rénover, etc. Autant de travaux qu'il faudra entreprendre dans l'ordre et qui nous feront réfléchir sur l'intérêt, qu'il n'est pas nécessaire de souligner, d'intervenir dans les meilleurs délais quand un défaut se déclare.

L'ordre des travaux
Commencez toujours par mettre la construction hors d'eau. Remédiez aux défauts de la couverture, réparez les fissures dans les solins par lesquelles se font les infiltrations d'eau, rebouchez les gouttières, etc.
Il est indispensable de commencer par là si vous ne voulez pas avoir à recommencer la peinture d'un plafond, par exemple, qui sera à nouveau endommagée par des fuites d'eau qui n'auraient pas été traitées.
Une fois ces problèmes réglés, vous pourrez passer aux murs puis aux sols.

La lutte contre l'humidité
Des soubassements à la toiture, tout doit être fait pour protéger la maison de l'humidité. Par différents cheminements celle-ci s'attaque aux matériaux et entraîne, doucement mais sûrement, leur détérioration, les fragilisant et menaçant ainsi la stabilité de la construction.

La lutte contre l'humidité passe d'abord par une maintenance correcte de la maçonnerie et de la toiture : réfection des joints et des fissures, remplacement des éléments de couverture manquants, drainage conséquent autour des soubassements, etc.

Les parois
Après avoir mis à nu les murs et les plafonds et dégager le plâtre ou les vieux revêtements qui les recouvrent, attendez-vous à voir des fissures ou des trous plus ou moins importants, dus pour beaucoup au "travail" de la construction. Et cela d'autant plus, bien sûr, si la maison est restée longtemps abandonnée, sans entretien.
Au rebouchage des fissures des trous, il faudra ajouter les traitements des taches d'humidité, l'élimination du salpêtre et des efflorescences et au moins sur les murs extérieurs, la réfection des joints, des enduits, et parfois, le remplacement pur et simple de certains éléments.

Les sols
Rattraper un sol pour ensuite poser un nouveau revêtement n'est pas une opération compliquée, d'autant qu'un certain nombre de produits autolissants (dits de "ragréage") facilitent énormément le travail.
Il s'agit bien sûr de travaux qui peuvent venir compléter des interventions plus importantes (comme celles de refaire une chape ou une dalle).

Entretenir, réparer

Les plafonds et les murs

Le temps ainsi que le travail de la construction entraînent inévitablement l'usure des matériaux et des structures, et en conséquence, pour le cas qui nous préoccupe, la détérioration des murs et des plafonds, ce qui se traduit le plus souvent par le cloquage des peintures, l'apparition de fissures, la formation de taches d'humidité, etc.

Rebouchage des fissures. Commencez par gratter le plâtre du plafond ou la peinture qui s'écaille (photo ci-dessous). Le support mis à nu laissera apparaître les trous et les fissures qu'il s'agit de reboucher avant d'envisager la pose d'un quelconque revêtement. Il ne faut pas croire en effet que le papier ou la peinture suffiraient à cacher les irrégularités du support : ils ne feraient au contraire que les souligner. Vous pourrez à la rigueur tolérer les fissures de moins de 1 mm de largeur.

Commencez à gratter la fissure de façon à l'agrandir. Ceci peut paraître paradoxal, mais il est indispensable d'éliminer toutes les parties qui ne tiennent pas convenablement ; l'accrochage du produit de rebouchage n'en sera que meilleur. Grattez de telle sorte que le fond de la fissure soit plus large que son entrée, ce qui facilitera l'accrochage du reboucheur.

Entretenir, réparer

La fissure dégagée, dépoussiérez-la à l'aide d'une brosse (ou mieux, d'un aspirateur) puis humidifiez-la en profondeur pour favoriser l'homogénéité et l'accrochage du produit de rebouchage que vous allez pouvoir appliquer maintenant.

Pour les fissures peu importantes, vous emploierez un reboucheur mastic, présenté, prêt à l'emploi, en tube (3). Pour

1. Ouverture de la fissure au plafond.
2. Dégagement de la fissure (au mur).
3. Emploi d'un reboucher prêt à l'emploi.
4. Rebouchage d'un trou.
5. Traitement anti-salpêtre.

Entretenir, réparer

les travaux plus importants, servez-vous d'un mastic en poudre à diluer dans de l'eau (les indications nécessaires sont données sur l'emballage). On peut enfin se servir de plâtre à modeler, qu'il faut aussi préparer avec de l'eau. Rappelez-vous : le plâtre doit être déversé en pluie fine sur l'eau (jamais l'inverse). Appliquez le plâtre à l'aide d'un couteau de peintre ou d'un couteau à enduire.
Si la fissure est plus importante, il vous faudra la recouvrir d'une longueur de calicot. Rien ne change, dans ce cas, dans le traitement préalable de la fissure. Une fois le reboucheur appliqué, découpez une longueur de calicot correspondant à celle de la fissure (un peu plus même est préférable) et faites-la adhérer sur l'enduit, en veillant à ce qu'elle déborde bien de part et d'autre de la fissure. Appliquez pardessus une seconde couche d'enduit.
Le calicot est alors totalement invisible, "noyé" dans l'enduit. Quand ce dernier sera bien sec, poncez (de préférence à la main car les mouvements de la machine, trop rapides, risquent de déformer le support).

Traitement des murs humides. On ne saurait restaurer convenablement la maçonnerie sans s'attaquer à l'humidité. Dans ce domaine, vous n'obtiendrez de résultats durables qu'à la seule condition de vous en prendre aux causes mêmes du problème : manque d'étanchéité, condensation, fuites, etc. Cela étant réglé, vous pourrez traiter les parties atteintes.
Elles sont le plus souvent recouvertes de salpêtre, qu'il faut gratter. Ensuite, faites sécher le mur et étendez un produit antisalpêtre avant de recouvrir la surface d'enduit.

Raccord d'enduit. Si l'enduit a été endommagé par endroit, il n'est pas nécessaire de le refaire entièrement. Un raccord suffit. Dégagez toutes les parties de la maçonnerie qui adhèrent mal et, pour cela, n'hésitez pas à élargir la surface à réparer. Dépoussiérez, puis humidifiez avant d'appliquer le nouvel enduit (photos ci-dessous). Il vous reste à égaliser avec une taloche, puis à lisser.

**1. Commencez par bien dégager toutes les parties friables, dépoussiérez puis mouillez l'emplacement à réparer.
2. Appliquez l'enduit et lissez ensuite à la taloche pour que la réparation soit sur le même plan que le reste du mur.**

Entretenir, réparer

Ragréage des sols

Le ragréage d'un sol permet de le niveler et de rattraper les petites inégalités avant la pose d'un parquet de recouvrement ou d'un autre revêtement. Il ne peut cependant remplacer une chape, et encore moins une dalle.

1. Matériel et produit nécessaire au ragréage.
2. Dégagement des aspérités au ciseau de maçon et à la massette.
3. Egalisation de la surface.
4. Dépoussiérage.
5. Préparation du produit de ragréage.

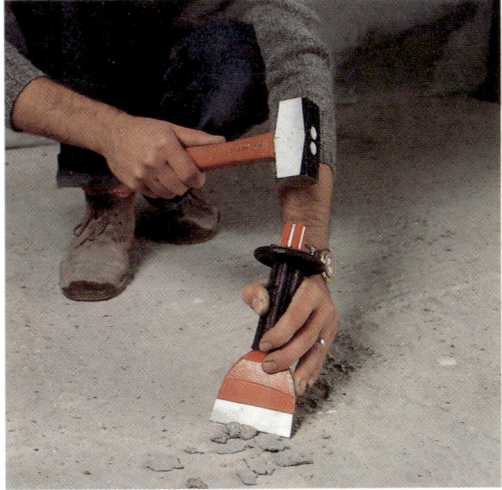

Entretenir, réparer

6

7

8

C'est une opération très simple à exécuter mais qui demande une bonne préparation du support. En outre, le matériel dont vous aurez besoin est limité : une massette et un ciseau de maçon pour faire sauter les inégalités du sol, une pierre au corindon pour poncer et une taloche pour étendre le produit de ragréage.

Commencez par dégager la pièce et balayez-la convenablement : ainsi, vous vous rendrez compte plus facilement des petites aspérités qu'il faudra éliminer. Faites sauter ces dernières par de petits coups de massette sur le ciseau et passez ensuite la pierre au corindon pour égaliser du mieux que vous pourrez. Préparez ainsi minutieusement toute la surface du sol puis balayez, ou mieux aspirez, pour qu'il ne subsiste pas de poussière.

Vous pouvez maintenant entreprendre de mélanger le produit de ragréage, qui doit être gâché dans de l'eau. Il s'agit d'une sorte de ciment qui, assez liquide, remplira bien toutes les petites inégalités du sol. Il faut généralement prévoir 7 litres d'eau pour 25 kilos de produit. Faites en une seule fois la quantité nécessaire pour recouvrir toute la surface du sol et utilisez-la tout de suite ; il ne faut pas attendre car le produit perd alors son pouvoir autolissant. Étalez-le à l'aide de la taloche : il faut compter une demi-journée environ pour que la surface soit sèche. Si le sol est très irrégulier, il peut être nécessaire de passer une seconde couche.

Réfection des joints

C'est un travail qu'il faut faire, soit par nécessité, soit dans un but esthétique et pourquoi pas, les deux à la fois ?

6. Étendue du produit autolissant.
7. Lissage.
8. Egalisation après séchage.

Entretenir, réparer

1. Ciment de restauration.
2. Rejointoiement de briques.
3. Nettoyage après séchage.
4. Dégagement du vieux mortier.
5. Rejointoiement de pierres.

Éliminez le vieux mortier qui s'effrite, car mélangé au nouveau il risque d'en compromettre l'homogénéité. Utilisez si nécessaire un burin et une massette pour bien dégager les joints. Appliquez ensuite le nouveau mortier, à l'aide d'une truelle à joint ou d'une langues-de-chat selon la forme des joints. Le ciment blanc, plus décoratif, est de nos jours très prisé.

Entretenir, réparer

Remplacer une pierre dans un mur

Autrefois, les maçons devaient à leur savoir-faire l'art de construire les murs de pierres sèches. Du choix des pierres de la façon de les placer et de les monter résultaient la cohésion et la solidité de la construction.

Pourtant, avec le temps ou accidentellement, il arrive qu'un élément se désolidarise du reste du mur. Les parties les plus exposées sont en ce sens les angles (nos photos) mais aussi les bas des murs souvent la proie de l'humidité et des mousses.

Une inspection régulière vous permettra de localiser ce type de problème, qu'une intervention limitée suffira le plus souvent à régler. Bien sûr, vous n'attendrez pas longtemps pour effectuer la réparation, car si la pierre quittait sa place sans que vous ne vous en aperceviez, les conséquences pourraient devenir plus ennuyeuses...

1. **Pierres branlantes.**
2. **Dégagement de l'emplacement.**
3. **Élimination des parties friables.**
4. **Coupe de l'élément de remplacement.**

Entretenir, réparer

Dégager la pierre défectueuse. Un élément qui branle dans son emplacement est le signe d'une dégradation des joints ou de la pierre elle-même, qui devient plus friable. Il est en conséquence très facile de retirer l'élément en question (2). La pierre enlevée, nettoyez soigneusement son emplacement : éliminez les résidus et la terre ou le sable qui pourraient altérer l'homogénéité du mortier, au moment de la mise en place de l'élément de remplacement (3).

Tailler la pierre. Sans prétendre à l'un des plus beaux métiers, chaque amateur pourra, à l'aide d'un outillage limité, tailler dans un bloc tel élément qui lui permettra de réparer le mur de clôture ou l'angle de la façade. Commencez par vous procurer la pierre qu'il faut : chaque pays a sa pierre, et si les choses ont été faites conventionnellement vous n'aurez aucun mal à trouver le matériau avec lequel le reste de la construction a été monté.

5. Dressage à l'aide d'un chemin-de-fer.
6. Humidification de l'emplacement.
7. Pose de mortier dans le trou.
8. Garnissage de la pierre.

5

6

7

8

Entretenir, réparer

9

10

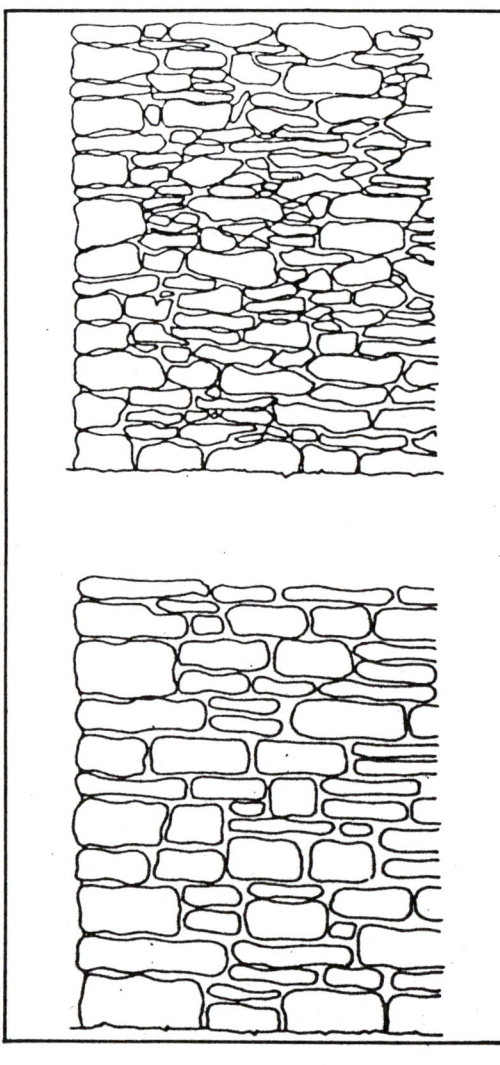

11

12

Entretenir, réparer

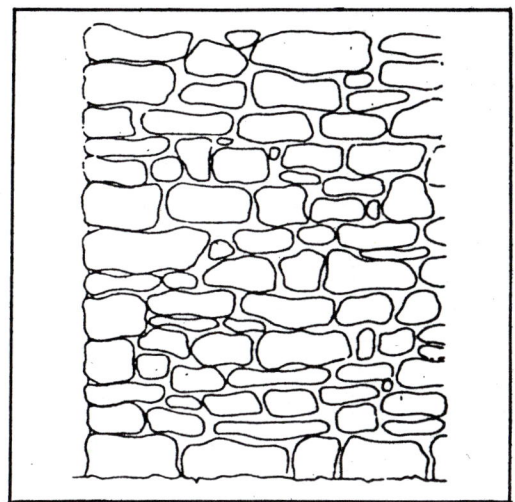
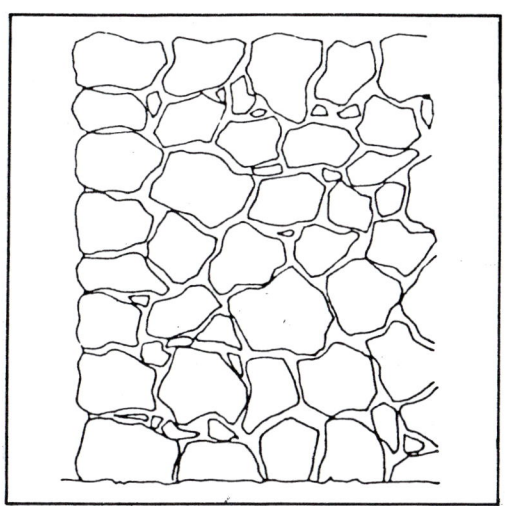

9 et 10. Mise en place de la pierre de remplacement.
11. Contrôle de la verticalité.
12. Jointoiement.

Les schémas indiquent quatre types d'appareillage de pierres différents.

Immobilisez le bloc (4, dans un étau-établi) et débitez la portion qui est nécessaire à l'aide d'une scie à grosse denture. Rattrapez ensuite les différences de niveau à l'aide d'un chemin-de-fer (5) et dépoussiérez la pierre avant de la mettre en place.

Mise en place. L'élément ayant été découpé aux dimensions de l'emplacement, il est facile de le loger, de préférence en le jointoyant à l'aide de mortier.
Mouillez l'endroit où la pierre doit être posée afin que l'eau de gâchage du mortier ne soit pas immédiatement absorbée, ce qui enlèverait toute efficacité à ce dernier. Etablissez ensuite un lit de mortier sur la pierre inférieure (7) et garnissez aussi le petit pavé que vous allez mettre en place de mortier (8).
Il vous reste à positionner l'élément de remplacement, d'abord en l'enfonçant à la main (9), et puis en le calant par de petits coups de massette (10). Vérifiez son alignement avec le reste du mur (11) et terminez en remplissant les joints (12). Puis passez sur les joints une brosse en chiendent bien mouillée.

Rénover, sceller, reboucher

Pour rénover les nez-de-marche ébréchés ou le rebord des appuis de fenêtre cassés, pour reboucher les trous dans l'enduit de la façade, pour réaliser ou réparer les petits scellements, vous trouverez, dans le commerce, un mortier spécial, dit "Mortier de réparation", aux diverses qualités.
Ce produit, à base de résines synthétiques, est en effet tout à fait intéressant : il permet d'intervenir non seulement sur les ouvrages de maçonnerie évoqués plus haut, mais également sur le bois, le métal et même le verre. De plus, ce mortier peut être utilisé à l'intérieur comme à l'extérieur.
Prêt à l'emploi, ce produit s'applique comme un mortier traditionnel, et peut être, après séchage et ponçage peint comme du bois.

Entretenir, réparer

Étanchéifier

La présence d'humidité peut avoir diverses causes : infiltrations d'eau, porosité ou défauts d'étanchéité dans la toiture, mauvais écoulement ou fuite dans les canalisations, remontée d'humidité par le sol, condensation, etc. Si ces causes ne sont pas traitées, elles entraîneront, à la longue, une dégradation de la maçonnerie et des autres matériaux de construction et de décoration (charpente, boiseries, revêtements, etc.).
Cependant, vous accorderez votre attention à deux secteurs prioritaires : la toiture et les sols. Ils constituent en effet les zones névralgiques.

Causes et Protections. Chaque manifestation d'humidité a son origine. Mais s'il existe une solution à chaque cas, ainsi d'ailleurs que des produits ou des procédés adaptés, une inspection et une intervention préventive vous éviteront bien des déboires.

– *Les toitures.* La première des choses consistera à vérifier l'état des gouttières et de la couverture. Une gouttière percée ou bouchée par des feuilles mortes et de la mousse, une mauvaise liaison entre deux éléments en zinc, provoquera un suintement pouvant être à l'origine de la formation de taches d'humidité à l'intérieur de la pièce (ce qui est d'autant plus grave si celles-ci restent dissimulées par le revêtement mural – papier peint ou tissu – dans un premier temps). Vérifiez également l'état des tuiles (assurez-vous qu'aucune ne manque, n'est cassée ou déplacée), inspectez les couvre-joints et les soudures ; grattez la rouille (sur les toitures en tôle ou en aluminium), remplacez les éléments défectueux et obturez les trous et les fissures (en particulier sur l'amiante-ciment) à l'aide de produits spécifiques que vous trouverez dans le commerce.

– *Les sols et les fondations.* L'application d'un produit destiné à combattre les remontées d'humidité ne servirait pas à grand-chose, aussi efficace soit-il, si la cause même de l'humidité n'était résolue. Pire même, une telle "solution" risquerait de provoquer les plus graves conséquences pour les fondations : les remontées capillaires rencontreraient alors un barrage tout à fait efficace (trop même pourrait-on dire dans ce cas), qui les contiendraient dans cette zone, tout comme les eaux de ruissellement et les eaux souterraines.

1. Débouchage d'une gouttière.
2. Caniveau avec regard.

Entretenir, réparer

Aussi, tout traitement des sols devra être précédé (à la rigueur s'accompagner) de la constitution d'un drain efficace tout autour de la maison ainsi que de celle d'un système de collecte satisfaisant des eaux de pluie descendant des gouttières et des eaux de ruissellement. En effet, il ne suffit pas d'empêcher l'eau d'entrer dans la maison ; encore faut-il l'en éloigner.

Sols de terrasse. Une mauvaise étanchéité du sol d'une terrasse en étage ou d'un balcon sera inévitablement la cause d'infiltrations d'eau dans la pièce située en dessous.

1. Colmatage d'une fuite dans une gouttière.
2. Matériel de réalisation d'un caniveau.
3. Réalisation d'un regard.

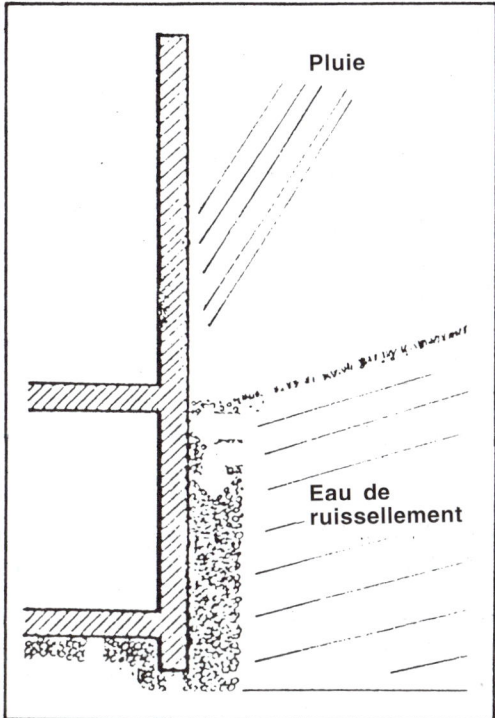

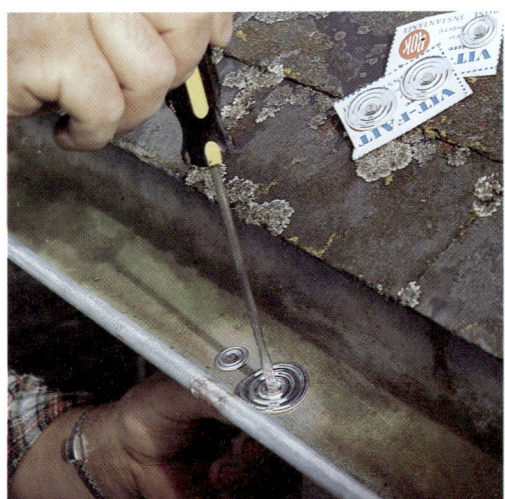

Entretenir, réparer

Les défauts d'étanchéité sont dus soit à la porosité du matériau, soit à des joints défectueux, soit encore à la présence de fissures ou tout simplement à une évacuation bouchée ou une mauvaise pente qui ne permet pas une évacuation normale de l'eau.
Ces différents problèmes trouveront leurs remèdes : rebouchage des fissures et des fentes, application d'un produit anti-porosité et imperméabilisant (simplement à la brosse ou au rouleau).

Les murs. L'humidité des locaux crée un climat malsain pouvant causer des troubles de santé (rhumatismes, en particulier). De plus, l'humidité des murs aura pour conséquence : la dégradation des revêtements (papiers peints, peinture, crépis) et la formation de moisissures et de salpêtre.
L'humidité des murs peut avoir principalement deux causes, parfois conjuguées. Elle peut résulter d'un problème de condensation, qui trouvera sa solution par une amélioration de la ventilation dans la pièce. Elle peut aussi être la cause d'un défaut d'étanchéité entraînant des infiltrations d'eau : dans ce cas, il faut traiter les murs de l'extérieur, afin d'empêcher l'humidité d'entrer dans la maçonnerie. Un barrage étanche établi de l'intérieur aurait certes pour résultat de protéger la pièce, mais ceci aux dépens de la maçonnerie, dans laquelle l'humidité aurait alors tout loisir de mener son travail destructeur.
Aussi, déterminez bien la cause des problèmes avant de choisir et d'appliquer le remède.
Disons enfin que l'humidité des murs peut aussi avoir pour cause un terrain humide, problème qui trouvera sa solution dans l'amélioration du drainage ou par l'application d'un produit interdisant les remontées d'humidité.

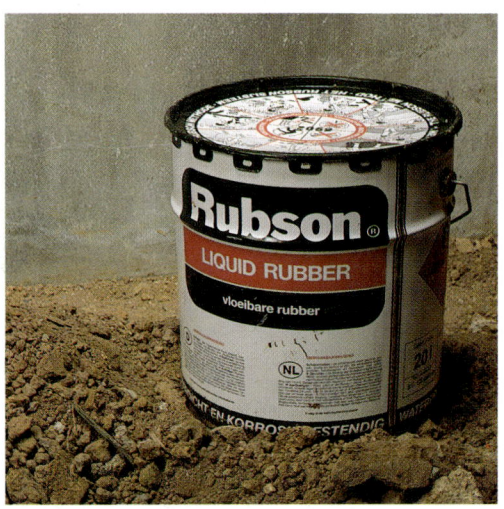

1. Produit d'étanchéité.
2. Mise à nu du bas des murs.
3. Étalement du produit.

Entretenir, réparer

Souches et solins. L'ensemble des éléments constituant une toiture sont particulièrement exposés à l'humidité et peuvent constituer de ce fait des voies de passage privilégiées de l'humidité. C'est le cas, en particulier, des souches, mitres de cheminées et solins.
Un solin est une bande de liaison entre maçonnerie et couverture, qui permet d'assurer l'étanchéité à ce niveau particulièrement vulnérable. Le plus souvent réalisé en mortier (nos photos), il peut arriver qu'il subisse des détériorations. Inspectez les solins régulièrement et au besoin, renforcez-les de produit imperméabilisant. La souche de la cheminée (sortie du conduit en toiture), tout comme le chapeau doit aussi être en bon état afin de résister aux infiltrations des eaux de pluie. Refaites les joints de mortier qui se craquellent et remplacez les parties de la maçonnerie endommagées (dont les briques ci-dessous sont une "belle" expression).

1. Réalisation d'un solin.
2. Lissage du solin.

3. Souche de cheminée défectueuse.
4. Réparation d'une souche.

Entretenir, réparer

1. Quelques modèles de mitres de cheminée.
2. Réfection d'une souche de cheminée.
3. Pose d'une nouvelle mitre.
4. Raccord d'enduit autour de la mitre.
5. Lissage du solin entre souche et toiture.

Entretenir, réparer

Remplacez également la mitre de la cheminée si elle est cassée ou fêlée et veillez à ce que sa liaison avec le reste de la souche soit bien étanche.

Portes et fenêtres. Une mauvaise liaison entre les huisseries et la maçonnerie peut aussi être à l'origine d'infiltrations d'eau. Vérifiez qu'il n'y a pas d'interstices entre le dormant et le mur ; pensez aussi à nettoyer régulièrement les voies d'écoulement de l'eau pratiquées dans l'huisserie de la fenêtre (un trou bouché et l'eau de pluie peut refluer vers l'intérieur).

Enfin, la condensation, dont les effets sont bien visibles à la buée laissée sur les vitres, peut provoquer des ruissellements sur le revêtement, à l'intérieur de la pièce.

Ce phénomène est la conséquence de la différence de température existant entre l'intérieur et l'extérieur, ce qui est bien normal, mais aussi d'une mauvaise ventilation. L'air, chargé d'humidité ne circule pas (ou mal) et la vapeur d'eau ne peut être évacuée. Elle se dépose alors sur les parois les plus froides (les vitres) et se transforme en eau. On combattra la condensation en améliorant l'aération ou à l'aide d'appareils spéciaux, tels les déshumidificateurs.

Comment le savoir ?

Comment savoir si l'humidité de la pièce a pour origine un problème de condensation ou au contraire si elle provient d'un défaut d'étanchéité des murs ? Faites ce test, qui vous renseignera : fixez contre le mur un carré découpé dans une feuille de papier d'aluminium (de 50 x 50 cm environ). Au bout de quelques jours, retirez cette feuille :
– si le papier d'aluminium est humide côté pièce, c'est un problème de condensation ;
– si le papier d'aluminium est humide côté mur, c'est un problème d'étanchéité ;
– si l'aluminium est humide des deux côtés, ce sont des problèmes de condensation et d'étanchéité conjugués.

Un solin doit être parfaitement étanche. Il faut le refaire ou le réparer (a gauche) s'il présente des fissures (ci-dessous).

Glossaire

GLOSSAIRE

Adjuvant : produit qui, ajouté au béton ou au plâtre, en améliore certaines des qualités. On trouve ainsi des plastifiants, des accélérateurs de prise, etc.

Agrégats : aussi appelés granulats. Ce sont des éléments de formes plus ou moins arrondies qui entrent dans la fabrication des mortiers et des bétons. On trouve ainsi : des gravillons, des cailloux et du sable.

Appareillage : disposition des éléments de construction (pierres, briques, parpaings, etc.) et façon de les assembler.

Bain soufflant : méthode de pose d'éléments de construction. La pose à bain soufflant de mortier signifie que l'on place la pierre ou la brique directement sur un lit de mortier, ce dernier remontant par les joints.

Berthelet : truelle rectangulaire dont l'un des deux plus grand côtés est dentelé afin de permettre d'égaliser une surface en plâtre.

Béton cellulaire : béton dont les agrégats ont subi un traitement spécial qui le rend plus léger. Commercialisé sous forme de blocs (parpaings) ou de carreaux pour cloison, il est très facile à mettre en œuvre.

Boutisse : brique ou pierre disposée de telle sorte que sa face la plus petite soit visible en parement (et parfois aussi en contre-parement en même temps, selon la largeur du mur).

Calicot : bande de tissu spécial permettant de recouvrir les joints entre deux plaques de plâtre ou de masquer une fissure importante.

Chaînage : armature reliant des éléments de construction entre eux ; par extension, travail qui consiste à effectuer cette armature.

Chape : revêtement maçonné, le plus souvent en mortier, de faible épaisseur, qui vient recouvrir une dalle de béton.

Chemin-de-fer : aussi appelé rabotin. C'est un outil fait d'un petit plateau en bois équipé de lames crantées. Doté d'une poignée, il est manié dans un mouvement de va-et-vient pour dresser le parement des pierres.

Glossaire

Ciseau de briqueteur : à lame plus large que celle du burin, le ciseau de briqueteur est utilisé pour la coupe des pierres et des briques, ainsi que pour leur dressage.

Couteau à enduire : instrument métallique à large lame (de 8 à 24 mm) doté d'une poignée servant à étaler l'enduit.

Crépi : enduit mural de mortier ou de ciment projeté à la tyrolienne (voir ce mot) ou jeté à la truelle.

Dalle : couche de béton (parfois armé) constituant le sol d'une pièce et pouvant servir de support au revêtement. Ce mot est aussi employé pour désigné des plaques de pierre.

Drainage : système de collecte et d'écoulement des eaux stagnantes et des eaux de pluie.

Efflorescence : poussière blanchâtre composée de sels se déposant à la surface d'une maçonnerie humide. Ces sels s'attaquent aux matériaux et au revêtement lui-même (peinture).

Fer à béton : barre de fer lisse ou tréfilé qui doit être formée selon l'ouvrage à réaliser puis noyée dans le béton (on parle alors de "béton armé"). Quand il est nécessaire d'assembler plusieurs éléments entre eux, pour obtenir une forme particulière, on utilise du fil de fer recuit pour les ligatures (voir ce mot).

Fer à joint : outil offrant des profils parfois différents afin de réaliser des joints aux formes variés. Cet instrument est aussi employé pour le dessin de nez-de-marche.

Foisonnement : augmentation de volume sous l'action de l'eau ou de l'humidité. Cette augmentation risque de fausser les proportions, en particulier celles du sable lors de la préparation du mortier ou du béton.

Gobetis : première couche (ou couche d'accrochage) d'un crépi. On peut dire aussi "gobetage".

Graissage : première couche épaisse d'un enduit au plâtre.

Granulométrie : grosseur des agrégats définie selon les ouvertures des mailles des tamis employés pour leur sélection (ouvertures normalisées). On parle de "granulométrie continue", lorsque la plupart des calibrages sont présents dans le béton : c'est le cas lors d'une préparation industrielle. On parle de "granulométrie discontinue" lorsque l'on trouve des grosseurs de granulats très différentes : c'est souvent ce qui se passe lorsqu'on prépare son béton soi-même.

Grattoir triangulaire : lame triangulaire emmanchée servant surtout à gratter le fond des fissures afin de les préparer à recevoir le produit de rebouchage.

Gros œuvre : construction de base assurant la résistance et la stabilité d'un ouvrage maçonné. On lui apporte, en complément, le second œuvre, qui lui, concerne le cloisonnement, les fermetures, le revêtement, etc.

Hérisson : sous-couche de cailloux établie avant le coulage d'une dalle sur un sol en terre plein. Le hérisson doit donner une bonne stabilité à la dalle et assurer en même temps un drainage correct du sol.

Glossaire

Hourdis : éléments de béton ou de terre cuite creux. Moulés en usine, ils constituent, une fois assemblés, le dessous d'un plancher, le plus souvent celui de la pièce située au-dessus du sous-sol.

Huile de décoffrage : produit spécial qui doit être étendu sur le bois de coffrage avant de couler le béton, ceci afin de faciliter le décoffrage ultérieur. On peut aussi se servir d'huile de vidange.

Hygrométrie : mesure de l'humidité de l'air. On dit aussi hygroscopie.

Jambage : élément de construction verticale de soutènement. Les jambages d'une fenêtre, par exemple, sont les deux murets verticaux élevés de part et d'autre de l'ouverture et sur lesquels repose le linteau (voir ce mot).

Joints rompus : qualification d'un type d'appareillage (voir ce mot) d'éléments de construction aux formes régulières (briques ou parpaings, par exemple) ou non (moellons, voir ce mot) et dans lequel les joints sont décalés une rangée sur deux.

Laitier : scories de hauts fourneaux parfois employées comme granulats (voir ce mot).

Langue-de-chat : truelle à bout rond, étroite et longue de 12 à 15 cm selon les modèles et employée pour les finitions (lissage de petites surfaces).

Liant : produit ayant la propriété de durcir au contact de l'eau et ainsi, de "lier" entre eux les granulats. Le ciment et la chaux sont des liants employés dans ce but (le plâtre est lui aussi un liant, mais il est utilisé seul, gâché à de l'eau).

Ligature : lien entre deux fers à béton fait d'un bout de fil de fer recuit.

Linteau : élément de bois de métal ou maçonné placé au-dessus d'une ouverture et destiné à supporter le poids de la construction qui se trouve au-dessus. Le linteau repose sur les jambages (voir ce mot).

Longrine : pièce de charpente. On trouve aujourd'hui des longrines en béton précontraint, sortes de poutrelles utilisées pour établir les fondations, les planchers mais aussi la toiture.

Marouflage : action de presser fortement un revêtement que l'on désire faire adhérer au support.

Meuleuse d'angle : machine électroportative équipée d'un disque de tronçonnage, qui sert à l'affûtage et à la découpe des métaux. En maçonnerie, on l'emploie pour la découpe des briques pleines, de dalles de marbre, de schiste, etc.

Meulière : la pierre meulière est une roche siliceuse et calcaire. On en trouve surtout dans le Bassin parisien. Si elle doit son nom au fait qu'elle entrait dans la fabrication des meules, on utilise surtout, en construction, la meulière dite "caverneuse" (à grosses cavités).

Mitre : chapeau de cheminée, le plus souvent en terre cuite (parfois en tôle). Placée au sommet de la souche, la mitre a pour fonction d'empêcher les eaux de pluie de pénétrer dans le conduit.

Moellon : petite pierre de construction non taillée le plus souvent. Mais il peut cependant être équarri pour venir en parement.

Glossaire

Mortier : il ne faut pas confondre mortier et ciment. Le mortier est le résultat du mélange de ciment (et/ou de chaux), de sable et d'eau. Selon les composants et leurs proportions, on obtient différents mortiers qui servent à l'assemblage des éléments de construction (briques, pierres, parpaings, etc.).

Mouchetis : (voir crépi).

Mulot : petite brique dont la largeur correspond à peu près à la moitié de celle d'une brique. On trouve ainsi des mulots aux dimensions suivantes : 50 x 50 x 220 ; 55 x 220 ; 60 x 55 x 220 (respectivement : épaisseur, largeur, longueur).

Niveau à bulles : instrument métallique (autrefois en bois) long et étroit dans lequel est incorporé un petit cylindre de verre contenant lui-même un liquide. L'horizontalité du niveau du liquide indique celle de la construction. Cet instrument est parfois pourvu de deux cylindres perpendiculaires, ce qui permet de l'utiliser pour vérifier également la verticalité, selon le même principe.

Niveau à fioles : appareil fait de deux fioles en matériau translucide incassable, elles-mêmes reliées par un long tuyau en caoutchouc. Fonctionnant selon le principe des vases communicants, le niveau à fioles sert à déterminer des points à la même hauteur du sol, quelle que soit l'horizontalité de ce dernier.

Panneau composite : panneau de construction préfabriqué associant une plaque de plâtre en parement à de la laine de verre ou du polystyrène expansé rapporté en contre-parement, ceci afin de remplir le rôle d'isolant.

Panneresse : disposition d'une brique ou d'une pierre dans un muret, de telle sorte que l'une de ses faces les plus longues vienne en parement (contrairement à celle placée en boutisse, voir ce mot).

Pince à cintrer : appelée aussi "cintreuse" cet outil sert à former les fers à béton. Il comporte pour cela une sorte de rainure à l'une de ses extrémités (parfois à chacune d'elles) qui permet de bloquer le fer pour le tordre.

Plâtroir : la truelle plâtroir ressemble plus à une taloche. Longue d'une trentaine de centimètres, à bout rond ou rectiligne, elle sert à poser le plâtre mais aussi à lisser un enduit.

Pouzzolane : matière siliceuse appréciée pour ses qualités isolantes (thermique et phonique). Sous l'action de l'eau, ses composants se mélangent à la chaux, ce qui permet de l'utiliser comme agrégat dans la fabrication de certains bétons ou dans la préparation de ciments spéciaux.

Rabotin : voir chemin-de-fer.

Rampants : éléments de menuiserie placés en inclinaison. Dans les combles, parties de la toiture les plus inclinées.

Salpêtre : si l'agriculteur peut l'utiliser comme engrais, le salpêtre (nitrate de potassium) est un sel qui apparaît sur les murs humides. Pour cette raison, on le prélevait autrefois des murs de cave. Il doit être absolument éliminé, à l'aide de traitements appropriés.

Solin : bande de jonction métallique (en zinc souvent) ou maçonnée assurant l'étanchéité entre deux éléments de la

Glossaire

construction. Des solins en bon état sont indispensable entre le matériau de couverture et une lucarne, par exemple.

Souche : la souche d'une cheminée est la partie maçonnée extérieure du conduit d'évacuation des fumées. Située en toiture, la souche doit présenter une liaison parfaite avec la couverture.

Tableau : épaisseur extérieure des murs encadrant une baie ou une porte.

Tyrolienne : instrument métallique constitué d'une petite cuve pouvant recevoir le mortier. Ce dernier est projeté sur le mur par le mouvement d'un mécanisme intérieur commandé par l'action d'une manivelle située sur le côté de l'instrument.

Vibrage : action de frapper sur les côtés du coffrage afin de permettre au béton qui vient d'y être couler d'en occuper tout l'espace. Sous les coups, le béton "vibre"

INDEX

A
Accélérateur de prise 37
Adjuvants 15, 37
Agrégats 34
Appareillages
　de briques 58, 64
　de pierres 112, 113
Appui de fenêtre 57, 86
Armature pour béton 56
Auge 31, 38

B
Baie (percement d'une) 55
Bain soufflant (pose à) 58
Barbecue 62, 89
Berthelet (truelle) 44
Béton 9, 27, 34
　armé 34
　dosage 37
Béton cellulaire (parpaing en) 21, 23, 69
Bétonnière (gâchage à la) 34
Bois de coffrage 55
Boisseaux 19, 20
Boutisse 51, 59
Briques 18, 29
　à rupture de joint 21, 66
　carreaux de 76
　creuses 19, 64
　flammées 18
　muret de 58
　pleines 18, 62
　plâtrières 18, 77
　réfractaires 62

C
Calcaire tranché 17
Calicot de joint 78, 79
Caniveau 114
Carreaux de brique 22, 76
Carreaux de plâtre 72
Chaînage 21, 59
Chape 90
Chaux 9, 11, 13
Chemin-de-fer 111

Chevilles 95, 99, 101
Chevrons
　(pose de laine de verre entre) 82
Ciment 9, 10
Ciseau de briqueteur 60
Clinker 11
Cloison en carreaux de plâtre 72
Clouer 95
Coffrage du béton 56, 85
Coffrage (bois de) 55
Coller 95
Combles (isolation des) 82
Condensation 116, 119
Couler le béton 57, 84
Coupe
　d'une brique 60, 65
　d'un parpaing 67
　d'une pierre 110
Couteau à enduire 44
Crépi 46
Crochets de suspension 99

D
Dalle 37, 90
Démolition (travaux de) 55
Déshumidificateur 119
Disque à tronçonner 54
Drainage 59, 115
Durcisseur 48

E
Efflorescence 60
Enduit 41, 42
　au plâtre 14, 42
　au mortier 29, 44
　décoratif 46, 48
　réparation 106
Escalier 50
Etais 55
Etanchéité 114

F
Fenêtre
　étanchéité 119
　percement 55
Fer à béton 56, 84, 89

Index

Fer à joint 88
Ferraillage du béton 56, 84
Fil à plomb 45
Filler 11
Fissures (rebouchage des) 104
Fixations (accessoires de) 99
Foisonnement du sable 33
Fondations 37, 52
Foret 101
Fourrure 23, 25
Fuites 114

G
Gâchage du béton 34
   à la bétonnière 34
   sur aire 37
Gâchage du mortier 28
   sur aire 30
   en auge 31
   en bac 32
Gobetis 29, 45
Goujons 84
Gouttière 114
Graissage 43
Granit (pavés de) 17
Granulométrie 34
Grattoir triangulaire 105
Gravillons 9
Grenier (isolation du) 82
Grès 17
Gros œuvre 41
Gypse 14

H
Hérisson 51, 90
Hourdis 19, 20
Huiles de décoffrage 44
Huisserie 72, 73, 80
   étanchéité 119
Humidité (lutte contre l') 75
Hygrométrie 75

I
Infiltration d'eau 114
Isolation par plaques de plâtre 24, 78

J
Jambage d'une fenêtre 57
Joints 60
   restauration 108
Joints rompus 64

L
Laine de verre 78, 82
Laitier (ciment de) 11, 13
Langue-de-chat 96
Liants 9, 11
Ligature 85
Linteau 37, 55, 86
Longrine 93

M
Marche 17
Marche (construction d'une) 54, 87
Mastic reboucheur 105
Matériaux de construction 9
Mèches 101
Meuleuse d'angle 54
Meulières 17
Mitre 118
Moellons 16, 29, 50
Mortiers 9, 27
   bâtard 28, 33
      de chaux 28, 33
      de ciment 28, 33
      gâchage 28, 30
      réfractaire 29, 63
Mouchetis 46, 49
Moule métallique 86
Moulage 37 Mulots 18
Murs 37
   étanchéité 116
   restauration 104, 110
Muret fleuri 16, 17
   de pierres sèches 51
   de soutènement 50

N
Nez-de-marche 88
Niveau à bulles 45
Niveau à fioles 90

P
Panneaux composites 82
Panneresse 58
Parpaings 20, 29, 67
Pavés de granit 17
Pierres 16, 50
   coupe 110
   de Bavière 16
   de Côte d'Or 16
   de taille 54

Index

de Volvic 16
Pilier 37
Pince à cintrer 85
Pitons 99
Plafond (restaurer un) 104
Plaques composites 24, 25
Plaques de plâtre 24, 78
    alvéolées 80
Plastifiant 37
Plâtre 14, 27
    à modeler 15
    à prise retardée 15
    à projeter 15
    carreaux de 22
    de construction 15
    de surfaçage 15
    gâchage 38
    plaque de 24
Plâtroir 43
Polystyrène expansé 78
Portail 93
Portland (ciment) 11
Porte (étanchéité d'une) 119
Poteau 37, 93
Poutrelle de plancher 20
Pouzzolane 11, 12

R
Ragréage 107
Raidisseurs de cloison 72
Rampants (plaques de plâtre sous) 83
Rebouchage des fissures 104
Reboucheur 105
Retardateur 37

S
Sable 9, 29
Salpêtre 105
Scellements 95
    au mortier 96
    au plâtre 97
Scie à béton cellulaire 22, 71
Schistes 17
Solin 117
Sols (ragréage des) 107
Souche de cheminée 117
Soubassement 103
Suspendre 95

T
Tableau 59
Terrasse (étanchéité d'une) 115
Terre cuite 18
Toiture (isolation sous) 82
Truelle Berthelet 44
Tyrolienne 47

V
Ventilation 119
Vibrage du béton 57
Visser 95

Impression : G. Canale & C. S.p.A., Turin (Italie).
Dépôt légal : 12985 - juillet 2001
Numéro d'édition : OF 16332
ISBN : 2.01.620851.1
62.71.0851.02.6

GUIDES BRICOLAGE HACHETTE
Le savoir-faire à portée de main

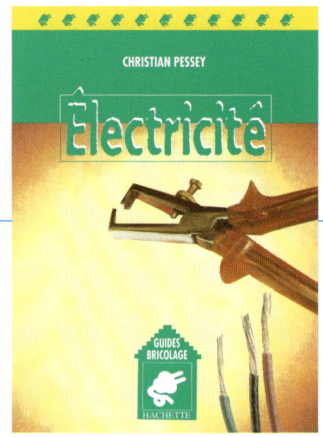

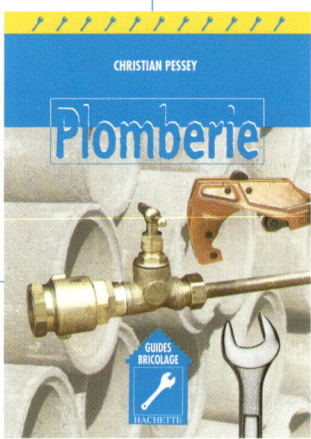

HACHETTE
Pratique